노르망디 1944

Campaign 1 : Normandy 1944

First published in Great Britain in 1990, by Osprey Publishing Ltd.,
Midland House, West Way, Botley, Oxford, OX2 0PH.
All rights reserved.
Korean language translation ⓒ 2017 Planet Media Publishing Co.

KODEF 안보총서 95

노르망디 1944

제2차 세계대전을 승리로 이끈 사상 최대의 연합군 상륙작전

스티븐 배시 지음 | **김홍래** 옮김 | **한국국방안보포럼** 감수

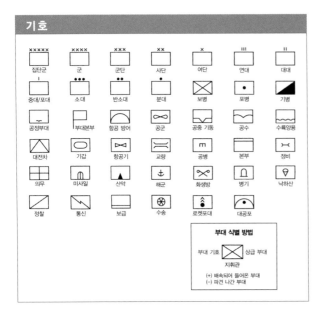

| 차 례 |

노르망디 상륙작전의 배경

노르망디 상륙작전은 치밀한 계획에 따라 준비하고 수행한 서방세계의 최대 규모 군사 작전이다. 사상 최대의 상륙작전이 시작되고, 1944년 6월부터 8월 사이에 적어도 100만 명 이상의 병력이 프랑스 북서부의 관광지와 목가적인 농촌에서 유럽의 운명을 걸고 전투를 벌였다. 역사상 마지막이 될지도 모르는 작전을 위해, 영국의 한 장성이 막강한 연합군을 이끌고 유럽의 사회적 질서를 위협하는 적에게 공격을 감행했다.

연합군이 승리한다면, 이것으로 4년간이나 지속된 독일의 프랑스 점령도 끝이 나고, 아돌프 히틀러의 독일제국에 대한 승리를 거둘 수 있는 기회를 잡게 된다. 만약 독일군이 노르망디에 연합군을 묶어두거나, 그들을 바다로 몰아냈다면, 독일은 적어도 1년이라는 시간을 더 벌게 되었을 것이고, 그 기간 동안 서부전선의 방어선을 더욱 공고히 다졌을 것이며, 동부전선에서 자신들을 향해 접근하는 소련군에 대항할 수 있었을 것이다. 그리고 더 나아가 히틀러가 큰 기대를 걸었던 비밀 병기들을 속속 전장에 투입할 수 있었을 것이다. 적어도 히틀러의 독일은 1918년 독일제국이 그랬듯이 정전을 요청할 수 있었을지도 모른다. 프랑스 노르망디에서 벌어진 일이 그 모든 역사를 결정했다. 역사를 아무리 열심히 살펴봐도 이보다 더 극적인 순간을 찾기는 어려울 것이다.

제2차 세계대전은 역사에 등장했던 다른 대규모 전쟁들과 마찬가지로, 서로 다른 시기에 서로 다른 이유로 서로 맞물려 일어난 전투들의 집합체였다. 유럽인 대부분은 제2차 세계대전이 1933년 선거로 정권을 잡은 아돌프 히틀러가 유럽 전역을 독일의 지배 하에 두고 새로운 제국, 즉 '제3제국(Third Reich)'를 구축하려는 의도를 실천에 옮기면서 시작되었다고 보고 있다. 제3제국은 이미 1939년에 오스트리아와 체코슬로바키아를 합병한 상태였다. 1939년 9월 1일, 독일군은 폴란드를 침공했고, 이틀 뒤 영국과 프랑스는 독일에 전쟁을 선포했다. 하지만 1939년 이전 영국의 방위 개념은 주로 해군력과 공군력에 의존하고 있었으며, 대부분의 육상 전력은 제1차 세계대전 때와 마찬가지로 프랑스 육군에 의존하고 있었다. 한편 프랑스는 요새 방위에 근거를 둔 방어 전략을 채택해 독일과의 국경을 따라 강력한 요새 지대를 구축하고 이를 '마지노선'이라고 불렀다. 따라서 영국과 프랑스가 폴란드를 구하기 위해 할 수 있는 일은 거의 없었다. 1940년 4월, 독일이 노르웨이와 덴마크를 침공하자, 영국 해군과 상륙군은 이에 개입하려 했지만, 그들의 시도는 좌절되고 말았다. 그 후, 영국의 내각은 붕괴되었고, 5월 10일 윈스턴 처칠(Winston Churchill)을 수상으로 하는 연립내각이 그 자리를 대신했다.

공교롭게도 같은 날 독일은 프랑스를 향해 전면전을 시작했다. 그들은 중립국인 네덜란드와 벨기에를 거쳐 마지노선을 우회했다. 독일의 공격에 직면하자, 프랑스 육군은 물론 그들에 의존한 영국의 전쟁 전략은 불과 4주 만에 붕괴되었다. 6월 3일이 되자, 마지막까지 남아 있던 영국의 소규모 지상군은 대부분 됭케르크(Dunkerque)를 통해 프랑스에서 철수했다. 6월 22일, 독일에 패한 국가들 가운데 프랑스는 이례적으로 독일과 정전협정을 체결했다. 독일은 프랑스 북부지역과 해안선 전역을 점령했다. 그 나머지 지역과 해외 식민지들은 남부지방 도시인 비시(Vichy)를 수도로 삼은 프랑스 정권의 지배 하에 들어갔고, 그들은 독일의 동맹국이 되었다.

프랑스의 몰락이 노르망디 전투의 기원이라고 할 수 있다. 프랑스가 해방된다면, 영국과 그들의 동맹국들은 독일 점령군을 침공해 그들을 패퇴시킬 수 있었을 것이다. 그러나 불행하게도 1940년에 대영제국은 다른 동맹국이 전혀 없었다. 영국항공전(Battle of Britain)에서 영국은 독일로부터 간신히 자신을 지킬 수 있었을 뿐, 오스트레일리아와 뉴질랜드, 그리고 인도는 모두 잠재적 적대국인 일본의 위협을 받고 있는 상황이었다.

1940년 6월 10일에는 베니토 무솔리니(Benito Mussolini)의 지배 하에 있는 이탈리아가 거의 쓰러져가는 프랑스와 영국에 전쟁을 선포하고, 이탈리아의 식민지인 리비아로부터 이집트와 수에즈 운하에 위협을 가하기 시작했다. 리비아의 서부사막 전투는, 특히 독일이 에르빈 롬멜(Erwin Rommel) 장군의 아프리카 군단으로 이탈리아군을 지원하면서부터, 영국의 최우선 육상 전투가 되어, 이후 3년 동안 영국 육군의 전투력 대부분을 빨아들였다. 1941년 4월에 독일은 헝가리와 불가리아, 그리고 루마니아와 협정을 체결했고, 이어 유고슬라비아와 그리스를 침공했다.

그 결과, 유럽 전역은 독일의 지배 하에 들어갔고, 아일랜드와 스웨덴, 스위스, 스페인, 포르투갈, 터키만이 중립을 유지한 상태가 되었다. 영국은 중립을 지키고 있는 미국으로부터 무기를 비롯해 각종 원조를 받고는 있었지만, 공세 전략을 고려하기에는 턱없이 전력이 부족했다. 게다가 전력이 충분했다고 하더라도, 그들에게는 전략적으로는 고립된 지역이나 마찬가지인 서부 사막을 제외하고 독일을 향해 공세 작전을 펼칠 수 있는 지상 전선 자체가 존재하지 않았다. 최후의 사막전으로 그때까지 규모가 가장 큰 엘 알라메인(El Alamein) 전투가 1942년 10월에 독일 육군 원수 에르빈 롬멜과 영국 육군 중장 버나드 몽고메리 경(Sir Bernard Montgomery)을 중심으로 전개되었지만, 그때도 한쪽에서 11개 사단 정도의 병력만을 동원할 수 있었을 뿐이다.

히틀러의 나치당은 조지프 스탈린(Joseph Stalin)의 소련을 정치적이며 인종적인 이유로 깊이 혐오했다. 그런데도 1939년에 두 나라는 우호조약을 체결했고, 소련군이 폴란드 침공에 가담하기도 했다. 1941년 6월 22일, 독일은 동맹국과 함께 소련을 침공하여 크리스마스 전에 모스크바 서부의 모든 영토를 장악했다.

하지만 독일의 공격을 받았던 이전의 국가들과 달리, 군사적으로 패배한 소련에서는 정치 붕괴가 일어나지 않았다. 그 대신, 3년 동안 한쪽에서만 200개에 이르는 사단이 점령지를 놓고 때로는 격렬하게, 때로는 교착상태에 빠진 채 전투를 치렀다. 그들이 싸운 전선은 발트 해에서부터 크림 반도까지 길게 뻗어 있었다. 바로 그곳 동부전선에서 제2차 세계대전의 대규모 지상전

육군 원수 에르빈 롬멜, 그는 노르망디 전투에서 독일군을 이끈 장군이다. 이 선전용 사진은 1943년에 촬영했다. 그의 라이벌인 몽고메리처럼 롬멜은 자신을 선전하는 데 꽤 능숙했다. 그는 진급 수단으로 1933년 나치당의 준군사조직인 돌격대(SA : Strumabteilung)의 군사고문직을 수락했다. 보병 전술의 대가로서, 1939년 폴란드 전역에서 히틀러의 사령부 경비대를 지휘했다. 그 뒤에 기갑사단을 요청해, 1940년에 서부전선에서 제7기갑사단을 지휘해 명성을 떨친 뒤, 아프리카 군단의 사령관이 되었다.(대영제국 전쟁박물관 사진 번호 HU17183)

을 수행한 결과, 독일은 다른 곳에 투입할 병력과 물자가 부족하게 되었다. 어느 쪽도 충분한 해양력이나 전략적 공군 전력을 보유하지 못했기 때문에, 사실상 그들이 가진 모든 자원이 지상 병력과 전차, 화포에 집중되었다. 그리고 거의 동시에 스탈린은 자신의 병력에 가해지는 압박을 덜기 위해, '제2전선'을 구축할 것을 영국에 강력히 요구했다.

1941년 12월 7일, 일본이 진주만을 공습하면서 미국과 영국에 전쟁을 선포했다. 소련은 일본과 평화를 유지했지만(1945년 8월, 일본이 항복하기 며칠 전

까지 소련은 일본에 전쟁을 선포하지 않았다), 12월 12일 아돌프 히틀러는 미국에 선전포고를 했다. 이것은 역사상 가장 큰 전략적 실수 중의 하나였다. 1941년 크리스마스 무렵(12월 22일)에, 미국과 영국의 '아르카디아' 회담(Arcadia Conference)에서 미국은 일본이 아니라 독일을 물리치는 데 전쟁전략을 집중하기로 결정했다.

1941년에 벌어진 이러한 일련의 일로 나머지 전쟁 기간 동안 히틀러에 대항하게 될 체계가 구축되었다. 독일은 여러 전선에서 전면전에 돌입하게 되었다. 세계에서 가장 넓은 땅을 소유한 소련과 세계에서 가장 강력한 산업력을 지닌 미국, 그리고 그 당시까지도 역사상 가장 위대한 제국의 지위를 유지하고 있던 영국과 전쟁 상태에 돌입하게 된 것이다. 양쪽 진영이 보유한 자원상의 불균형이 너무 커서, 어떤 군사적 기술로도 극복이 불가능했고, 나치당의 정치적 행태 때문에 세 국가는 어느 쪽과도 개별적으로 평화 교섭을 할 수 없었다. 처칠의 표현을 빌리면, 진주만 이후에 독일을 패배시킬 수 있었던 것은 그저 막강한 전력을 적절히 사용한 결과일 뿐이다. 전력의 적절한 사용이라는 개념은 연합군 지휘관들의 머릿속에도 깊숙이 각인되어 있었다. 그들은 어떤 위험도 마다하지 않았기 때문에, 독일의 주특기인 기습공격에 노출되기 쉬웠다. 하지만 한편으로 경계를 늦추지 않고 독일군에게 기습할 수 있는 여지를 주지 않음으로써 결국 연합군은 전쟁에서 승리할 수 있었던 것이다.

독일과 소련, 미국은 연합군이 1942년이나 늦어도 1943년에 프랑스를 침공하는 전략을 펼 것이라고 생각하고 있었다. 영국은 신속하게 제2전선을 형성해야 한다는 전략을 군사적·정치적 근거를 들어 반대했다. 영국은 이미 4개 전선에서 전면전을 수행하고 있었다. 영국은 대서양전투(Battle of the Atlantic: 독일 U-보트를 상대로 한 대잠전—옮긴이)를 치르면서 동남아시아에서 일본을 상대했고, 한편으로 독일에 대한 전략폭격을 감행했으며, 서부 사막에서는 롬멜을 저지하는 중이었다. 영국은 물론 미국도 그와 같은 모험을 감행할 수 있을 정도로 훈련된 병력과 장비를 충분히 보유하고 있지 않았다. 솔

직히 처칠은 제1차 세계대전 당시 프랑스에서 대규모 지상전을 수행하다가 영국이 입은 손실을 또다시 반복하고 싶은 마음이 없었다. 그 대신에 처칠과 그의 지휘관들은 미국을 설득해 이미 영국군이 배치되어 있는 곳에서 전쟁을 수행하게 했다.

1942년 11월, 몽고메리가 엘 알라메인에서 롬멜을 몰아낸 직후, 영국과 미국군은 롬멜의 후방 깊숙이 프랑스령 북아프리카에 상륙했다. 이에 대한 대응으로, 독일은 비시 정권 하에 있던 프랑스 영토를 점령했고, 그 결과 해외에 있는 비시 프랑스군은 연합국의 일원으로서 자유프랑스군에 합류했다. 1943년 5월, 독일군과 이탈리아군은 튀니지 북부로 밀려났고 결국 항복했다. 이 작전에서 미군 사령관으로서 프랑스는 물론 영국을 상대로 어려운 협상을 이끌어내야 했던 인물이 바로 미 육군 소장 드와이트 D. 아이젠하워(Dwight D. Eisenhower) 장군이었다.

1943년에 프랑스 침공이 가능했다거나 더 나아가 성공할 수 있었는지의 여부는 아직도 논쟁의 대상이 되고 있다. 여하튼 카사블랑카에서 열린 'SYMBOL' 회담(SYMBOL은 카사블랑카 회담의 암호명―옮긴이)에서 영국은 다시 한 번 지중해 전략을 미국에 떠넘겼다. 또한 연합군은 이 회담에서 독일의 무조건 항복을 목표로 하는 전쟁을 추진하기로 합의했다. 1943년 6월, 미군과 영국군은 시칠리아를 침공했다. 이때 무솔리니는 쿠데타로 실각했고, 같은 해 9월에 연합군이 남부 이탈리아에 상륙하자, 새로 구성된 이탈리아 정부는 항복했다. 하지만 이탈리아에 주둔 중이던 독일군이 연합군의 진격에 맞서 이탈리아의 방위를 맡았으며, 그 결과 연합군은 11월에 로마 남쪽에서 진격을 멈췄다.

또한 1943년 1월, 소련은 스탈린그라드〔지금은 볼가그라드(Volgagrad)〕에서 독일 6군의 항복을 받아냈다. 그리고 7월에는 쿠르스크(Kursk)에서 독일군의 마지막 공세 작전을 저지했다. 그 이후로 소련군은 공세를 유지하면서 점진적으로 독일군은 몰아냈다. 한편, 이 무렵 미국의 전쟁 물자 생산 능력은 최고조에 달했고, 훈련이 끝난 미군 병력이 영국에 쏟아져 들어왔다. 아무리 처칠이 지중해 전략을 지속적으로 강조해도, 연합군의 주도권을 잃은 영국은 결국 북프랑스 침공이라는 미국의 압력에 굴복할 수밖에 없었다. 1943년 5월, 워싱턴에서 열린 트라이던트 회담(TRIDENT: 제3차 워싱턴 회담의 암호명—옮긴이)에서 대략 1년 뒤에 암호명 '오버로드' 작전(Operation 'Overlord')으로 명명된 프랑스 침공을 실시하기로 결정했다. 소련도 참석한 가운데 1943년 11월 테헤란에서 개최된 '유레카' 회담(EUREKA: 테헤란에서 개최된 회담의 암호명—옮긴이)에서 미국과 영국은 '오버로드' 작전의 실행과 그 직후 프랑스 남부지방에 대한 부가적인 침공을 전적으로 보장했다. 결국 12월 카이로에서 개최된 '섹스턴트' 회담(SEXTANT: 카이로에서 개최된 회담의 암호명—옮긴이)에서 연합군은 대장이 된 아이젠하워 장군을 '오버로드' 작전의 연합군 최고 사령관으로 지명하고, 즉시 임무를 시작하도록 지시했다.

양측 지휘관

| 독일 지휘관 |

제3제국에 대한 끊이지 않는 신화에 따르면, 그들은 잔인했지만 효율적이었다. 하지만 실제로 히틀러는 적극적으로 나치 정권 내부에 관료적 분쟁을 조장하는 방법으로 자신의 정치적 통제력을 강화시켰다. 1944년 무렵, 독일 군대는 단일 국가의 군대가 아니라, 여러 국가의 군대가 잡다하게 섞여 있는 것처럼 보일 정도로 그들의 적보다 훨씬 더 비효율적인 공동작전 행태를 보였다.

히틀러는 국방군 최고사령관으로서 국방군 최고사령부를 통해 독일군에 대한 일상적인 통제권을 행사했다. 1941년 12월부터는 육군 최고사령부를 직접 통제했으며, 동부전선의 모든 병력을 그 예하에 두었다. 동시에 동부전선을 제외한 독일의 다른 전구 사령부는 모두 국방군 최고사령부의 예하에 두었다. 이러한 조치로 히틀러는 두 최고사령부 사이에서 심판관 역할을 할 수

노르망디 1944

있는 권위를 가지게 되었다.

1942년 5월, 귀족 계급 출신인 67세의 독일 육군 원수, 게르트 폰 룬트슈테트(Gerd von Rundstedt)가 서부전구 최고사령관, 즉 프랑스와 네덜란드, 벨기에의 독일군 최고사령관으로 임명되었다. 비시 정부 관할 지역에 대한 점령이 끝난 상태인 1944년 무렵에는, 그의 서부전구 최고사령부 예하에 후방 지역과 2개 집단군을 두게 되었고, 각각의 집단군은 각각 2개 군을 포함하고 있었다. G집단군은 프랑스 남부해안을 방어하는 19군과 남서부를 방어하는 1군을 지휘했다. 그 북쪽에서 B집단군이 브르타뉴와 노르망디 해안을 방어하는 7군과 노르망디로부터 안트베르펜에 이르는 나머지 해안선을 책임진 15군을 지휘했다. 서부전구 최고사령부 예하의 기갑 예비부대인 서부전구 기갑집단은 해안선에서 벗어나 파리 근교에 주둔했다.

이렇게 깔끔한 전투 서열에도 불구하고, 훗날 룬트슈테트 원수는 자신의 권위가 미치는 범위는 사령부 정문의 초소를 넘어서지 못했다고 회고했다. 1943년 11월, 히틀러는 롬멜 원수에게 모든 해안 방어선과 B집단군 사령부를 시찰하고 보고서를 제출하라고 지시했다. 전임 히틀러 경호부대의 지휘관이었던 관계로 롬멜은 룬트슈테트를 거치지 않고 직접 히틀러를 접할 수 있었다. 레오 프라이헤어 가이어 폰 슈베펜부르크(Leo Freiherr Geyr von Schweppenburg) 장군이 지휘하는 서부전구 기갑집단은 롬멜이 아니라 서부전구 최고사령부 예하에 있었지만, 기갑부대에 대한 일종의 교육훈련사령부 역할만 했을 뿐, 자신의 병력에 대한 작전권은 갖고 있지 못했다. 1944년, 롬멜은 서부전구 최고사령부 예하의 6개 기갑사단 중 3개를 자신의 통제 하에 두는 데 성공했다. 친위대장(친위대는 자체 계급체계를 사용했음—옮긴이) '제프' 디트리히('Sepp' Dietrich)가 지휘하는 1친위기갑군단을 포함한 나머지 기갑사단은 훈련 때를 제외하고 항상 국방군 최고사령부의 통제 하에 있었으며, 히틀러의 명령 없이는 절대 이동시킬 수가 없었다. 7군 사령관인 프리드리히 돌만(Friedrich Dollmann) 상급대장조차도 자기 작전구역 안에 있는 유일한 기갑사단인 21기갑사단을 전혀 통제할 수 없었다.

1944년 봄이 되자, 연합군 해군력이 너무나 우월해서, 독일 해군은 노르망디 전역에서 어뢰정이나 잠수함을 이용한 기습 이외에는 아무 역할도 수행할 수 없었다. 독일 공군, 즉 루프트바페(Luftwaffe)의 수장 또한 고위 나치당 당원이었는데, 그가 바로 제3제국 원수인 헤르만 괴링(Hermann Goering)이었다. 서부전구의 모든 항공기에 대한 지휘는 공군 원수 후고 슈페를레(Hugo Sperrle)의 3항공전단이 담당했으며, 그는 괴링에게 직접 보고했다. 여기에 덧붙여, 공군은 모든 대공포에 대한 직접적인 통제권을 행사했는데, 여기에는 다목적 88밀리미터 대공포도 포함되어 있었다. 하지만 당시 88밀리미터 대공포는 육군에게도 대전차 무기로서 더할 나위 없이 귀중한 존재였던 것이다. 괴링은 또한 프랑스에 있는 모든 공군 전투 병력을 공급하고 교체하는 책임을 지고 있었는데, 여기에는 낙하산강하사단과 공수사단, 공군 야전사단도 포함되어 있었다.

나치 정권 내부에 존재하는 또 하나의 사설 무장병력이자, 히틀러의 직접 통제 하에 있던 부대는 무장친위대(Waffen SS)로, 하인리히 히믈러(Heinrich Himmler) 지휘 하에 있었다. 초창기 나치당의 친위대, 즉 '경호대'를 그 기원으로 하는 무장친위대는 1944년이 되자 기갑사단까지 갖춘 무시무시한 무장 세력으로 성장했고, 심지어는 정규 육군부대보다 더 우수한 장비를 지급받았다. 공군 야전사단처럼 무장친위대 사단들도 육군의 작전통제를 받았지만, 자체적인 지휘·보급체계를 가지고 있었다.

따라서 서부전구 최고사령부에서 폰 룬트슈테트는 항공 지원은 물론, 대공포도, 예비 기갑사단도 마음대로 할 수가 없었고, 심지어 보병사단들 중에도 그의 통제 밖에 있는 사단이 존재했다. 게다가 자신의 직접적인 지휘 하에 있는 롬멜조차도 마음대로 하지 못했다. 히틀러와의 친분관계를 이용한 롬멜이 연합군의 침공에 대항하는 지휘관 역할을 수행했다. 학교 교장의 아들로 태어나 당시 나이가 52세였던 롬멜은 직업군인으로서 빠른 진급을 위해 나치

당과 관계를 맺었다. 그가 최초로 수행한 주요 지휘관 보직은 1940년 프랑스 전역의 7기갑사단장으로, 이어서 아프리카 군단을 지휘하면서 뛰어난 전술가라는 명성을 얻었다. 그는 기습적인 반격에 능했다. 하지만 그는 자신이 가진 능력과 그 모든 승리에도 불구하고, 아직 결정적인 전투를 승리로 이끌지 못했다.

하지만 그런 롬멜조차도 노르망디 전투에서는 독일의 진정한 지휘관이었다고 말할 수 없었다. 사실 서부전구 최고사령부의 핵심 보직인 B집단군과 7군 사령관은 노르망디 전투가 끝나기 전에 두 차례나 바뀌었다. 실제로 노르망디 전투를 지휘한 사람을 한 사람 꼽으라면, 그것은 바로 아돌프 히틀러이다. 그는 동프러시아의 라스텐부르크에 있는 자신의 사령부에서 지도 앞에 서서 지휘했다. 따라서 연합군의 침공이 있을 경우, 그렇게 먼 거리에서 히틀러와 국방군 최고사령부가 신속하게 대응할 수 있을지의 여부는 장담할 수 없었다.

| 연합군 지휘부 |

1941년 12월 '아르카디아' 회담에서 미국과 영국은 연합사령부 체제를 확립했고, 그것은 종전 때까지 유지되었다. 양국의 각 군 지휘관들은 연합참모본부의 일원으로 활동하면서 해당 작전 전구에 있는 모든 육해공 부대의 통제권을 전구 최고사령관에게 전부 일임했다. 사령관이 누가 되든 국적은 따지지 않았다. 그리고 그 후 3년 동안, 두 연합국은 완벽하게 통합된 참모조직을 위해 실질적인 문제들을 해결해나갔다. 미국 대통령인 프랭클린 D. 루즈벨트(Franklin D. Roosevelt)는 미군 총사령관 지위에 있기는 했지만, 장군들이 전쟁을 수행하는 데 일일이 개입하지 않았다. 윈스턴 처칠은 자신을 국방상에 지명하고, 알랜 브룩 경(Sir Alan Brooke)을 통해서 전쟁의 진행 상황을 세밀하게 점검했다. 아이젠하워는 SHAEF(Supreme Headquarters, Allied Expeditionary Force), 즉 연합군 원정군 최고사령부를 맡게 되었다. 당시 53세였던 아이젠하워는

왼쪽에서부터 아이젠하워 대장, 몽고메리 대장, 공군 대장 테더. 이 사진은 상륙작전 직후 아이젠하워가 몽고메리의 제21군 전술본부를 처음 방문한 6월 15일, 노르망디에서 촬영했다. 아이젠하워는 미국 텍사스 가난한 가정에서 태어나 캔자스의 애빌린(Abilene)에서 성장했다. 그는 웨스트포인트 육군사관학교를 졸업하고, 제1차 세계대전 때에는 소령으로 미국에서 근무했으며, 제2차 세계대전 전에는 더글러스 맥아더(Douglas MacArthur) 장군의 참모장으로 복무하기도 했다. 1942년, 그는 참모총장인 마셜(Marshall) 장군 휘하의 참모본부에서 작전부장을 역임하고 이어서 북아프리카 전구 연합군 최고사령관이 되었다.

아서 테더 경은 군사적 기준으로 볼 때 상당히 지적인 인물로, 캠브리지의 막달렌 칼리지(Magdalene College)를 졸업했다. 그는 제1차 세계대전 때 육군에 입대했으며, 육군항공대로 전출되었다가 전쟁 말에 항공대가 공군으로 통합되면서 결국 공군이 되었다. 테더는 사막 공군의 사령관으로서 몽고메리와 함께 복무했는데, 그는 몽고메리가 공군의 활약을 제대로 알리지 않고 그의 전공도 인정해주지 않는다고 생각했기 때문에, 두 사람 사이에는 갈등이 있었다.

사진 속 배경에 사령부 트레일러 2대가 보이는데, 이것은 북아프리카에서 사막전을 치르는 동안 독일군에게 노획한 것이다. 이들 중 1대에 몽고메리는 롬멜의 사진을 걸어두었다.(대영제국 전쟁박물관 사진번호 B5562)

육군 경력의 대부분을 참모 임무를 수행하며 보냈기 때문에, 1개 대대 이상의 병력을 지휘해본 경험이 없었다. 그는 관리자이자, 엄청난 수완을 가진 정치가였다. 그의 주된 업무는 미국과 영국은 물론이고 캐나다, 폴란드, 프랑스, 네덜란드, 벨기에, 노르웨이의 부대를 하나의 연합체로 묶는 것이었다. 아이젠하워는 또한 영국군과 미군 내부의 다양한 병종 간에 벌어지는 경쟁적 의견 충돌을 조정하면서, 거대한 조직체를 지휘하다보면 당연히 부딪치게 마련인 사람들의 강한 개성과 여론에도 잘 대처해야 했다. 연합군 내부의 원활한 관계와 작전 성공을 위한 항공 지원의 중요성을 감안해, 아이젠하워는 부사령관으로 영국 공군 대장인 아서 테더 경(Sir Arthur Tedder)을 선택했다. 테더 대장은 공지합동작전을 전개하는 데 폭넓은 경험을 가지고 있었다.

아이젠하워의 밑으로 연합군의 지휘관들이 모였다. 영국 해군과 미군 함정들(여기에 프랑스, 폴란드, 노르웨이, 캐나다에서 온 함정들까지 포함되었다)로 구성된 연합 해군 원정부대는, 해군 대장 버트램 램지 경(Sir Bertram Ramsey)의 지휘 아래 사실상 거의 모든 연합군 병력과 물자를 노르망디에 수송해야 했다. 연합 공군 원정부대 역시 영국인인 공군 대장 트래퍼드 레이-말로리 경(Sir Trafford Leigh-Mallory)이 지휘했다. 레이-말로리의 부대는 2개 전술공군이 있었으며, 이들 두 공군의 주력은 전폭기였다. 영국 공군의 2전술공군은 뉴질랜드인인 공군 중장 아서 '메리' 커닝햄 경(Sir Arthur 'Mary' Coningham, 여기서 '메리'는 '마오리Maori'의 애칭이다)이 지휘했고, 미국의 9공군은 루이스 브레레튼(Lewis Brereton) 중장이 지휘했다. '오버로드' 작전 기간 동안, 연합 원정군 최고사령부는 또한 영국 공군의 본토 방공군(이전 전투기 사령부)과 연안 및 공수 사령부에 속한 전투기들을 포함해 영국 폭격기 사령부와 미국 8공군의 거대한 4발 전략폭격기들도 소집할 수 있었다.

연합군의 모든 지상군 병력이 일시에 노르망디 해안을 통과할 수 없었기 때문에, 지상군의 지휘체계 또한 그런 현실을 감안해 구성했다. 최초 상륙부대는 21집단군으로, 오마 브래들리(Omar Bradley) 중장의 미 1군과 육군 중장

브래들리 중장(왼쪽), 몽고메리, 그리고 뎀프시 중장이 몽고메리의 전용차(미국식으로 별을 네 개 붙인 계급 표시판이 인상적이다) 앞에서 포즈를 취했다. 이 사진은 6월 10일 노르망디의 뎀프시 장군 사령부에서 촬영했다. 서민적인 장군이라는 명성답게 브래들리는 철모의 계급장 외에는 자신의 지위를 나타내는 일체의 상징물을 달지 않은 채 가장 단순한 장교용 표준군복을 입고 있다. 뎀프시 장군은 고위 장교용 표준 전투복 위에 영국 공수부대용 겉옷을 걸치고 있으며(공수부대 소속이 아님에도 불구하고), 어깨에 계급장까지 바느질해 달았다. 몽고메리는 늘 그랬듯이 갈색 구두와 밝은 갈색 코르덴 바지, 밝은 갈색 스웨터로 완벽한 민간인 복장을 했으며, 검은색 전차부대 베레모를 쓰고 있다. 베레모에는 2개의 배가 달려 있는데, 하나는 자신의 장성 계급장으로 단 것이지만, 다른 하나는 영국 전차연대 배지였다. 그러나 그는 전차연대에 복무한 적이 없었다.(대영제국 전쟁박물관 사진번호 B5323)

노르망디 1944

마일스 뎀프시 경(Sir Miles Dempsey)의 영국 2군으로 구성되었다. 21집단군의 사령관인 육군 대장 버나드 몽고메리 경은 작전 초기에 노르망디에 있는 모든 지상군을 지휘하기로 되어 있었다. 57세의 몽고메리는 정확하고 질서정연한 방식을 중요시하는 지휘관으로서 적이 승리할 수 있는 단 한 치의 가능성도 허용해서는 안 된다고 생각했다. 그는 그때까지 결정적인 패배를 당한 적이 없었다. 무엇보다 그는 이미 롬멜을 세 차례나 물리쳐본 경험이 있었다. 자만심이 강하고 자기 자랑이 심해서, 종종 다른 사람들로부터 미움을 사기도 했다. 그런 그가 최초 상륙부대 사령관에 임명된 데에는 그가 영국 육군에서 가장 뛰어난 전투 지휘관이라는 평판이 크게 작용했다.

일단 노르망디 반도에 상륙한 지상군의 규모가 어느 정도 커지면, 미 1군은 21집단군의 배속에서 벗어나 새로 창설된 3군과 합류하여 브래들리 장군을 사령관으로 하는 미 12집단군을 형성하게 되어 있었다. 한편 캐나다 1군이 영국 2군과 합류하여 몽고메리 예하로 들어가는 것이 작전계획이었다. 그리고 이때부터 아이젠하워는 몽고메리의 지상군 사령관 지위를 인수하여 연합군 원정군 최고사령부에서 2개 집단군을 지휘하게 되어 있었다.

이런 지휘선상의 취약점이 연합군 원정군 최고사령부와 21집단군의 관계에 존재하고 있었다. 귀족적 성향을 가진 몽고메리는 지휘관은 오직 전투에만 집중해야 한다고 믿었고, 그의 소규모 사령부는 선임자에게 거의 주의를 기울이지 않았다. 그는 비록 아이젠하워의 관리 능력을 인정하기는 했지만, 그의 전략적 능력에 대해서는 대단히 낮게 평가했다. 일단 침공이 시작되고 영국해협이 몽고메리와 연합 원정군 최고사령부를 갈라놓자, 그들 사이에 엄청난 오해의 가능성이 존재했다.

양측 군대

노르망디에서 서로 맞선 양측 군대는 많은 부분에서 공통점을 가지고 있었다. 몇몇 예외를 제외하면, 양측 병사들은 군복을 입은, 훈련받은 20대 징집병들로, 공통적인 언어와 문화를 공유하고 있었다. 주특기가 무엇이든, 그들은 모두 보병으로 싸우도록 훈련을 받았다. 보병은 기본적으로 노리쇠 장전식 소총이나 자동소총으로 무장했다. 자동소총은 일반적으로 거리 300미터 이내에서 벌어지기 마련인 대부분의 총격전 상황에서 필요를 능가하는 사거리와 발사속도를 제공했다.

소수의 소총수만이 전투 상황에서 실제로 총을 쏘아볼 수 있었다. 가장 기본적인 사회적 · 전술적 단위는 분대로 대략 10명 정도의 소총수에게 실제로 분당 200발의 발사속도를 가진 경기관총이나 중(中)기관총이 추가로 지급되었다. 가장 중요한 행정 단위로서 병사들의 1차 충성 대상이 되는 조직은 대대(大隊)로, 약 800명의 인원으로 구성되었다. 추가로 전차대대일 경우는 전차 50대가 배속되었고, 포병대대일 경우는 포 12문이 배속되었으며, 병과에 따라 각종 차량들이 배속되었다. 기본적인 작전 단위인 사단은 1만~2만 명으로 구성되었으며, 어떤 병과에서든 전장에서 독립적으로 활동할 수 있는 가장 최소의 전술 단위였다. 사단은 상황이 요구하는 바에 따라 이 군단에서 저 군단으로 소속을 전환할 수 있었는데, 군단의 경우는 고정된 조직체계를 가지고 있지 않았다. 사단 구조는 대체로 '삼각' 편제로 구성되어, 하나의 단위는 각각 3개 하위 단위를 지휘했다. 1개 사단에서 절반 정도의 인원이 전투 부서에 소속되어 있었고, 1개 군으로 따지면 작은 부분만이 실제 전투에 참가했다. 완전편제 인원이 1만 8,400명인 영국군 보병사단에 대해 군단 이상의 부대 단위에서는 그들을 지원하기 위해 2만 4,000명의 인원을 추가로 확보해야 했다. 하지만 공격 시에는 2개 연대가 교전에 참가하고 1개 연대를 예비로 삼기 때문에, 실제로 32개 분대, 즉 300명 정도의 인원이 최일선에 서게 된다.

노르망디에서 가장 많이 사용된 전차는 독일의 4호 전차와 미국의 M4 셔먼(Sherman), 그리고 영국의 크롬웰(Cromwell)로, 그 성능과 수를 모두 고려했을 때 대등한 전투력을 가지고 있었다. 모든 군대가 어떤 형태로든 더욱 강력한 장갑을 가진 전차나 자주포를 동원해 보병에 직접적인 화력을 지원했다. 대포에는 두 가지 유형이 있었다. 직사화기인 대전차포는 전차의 장갑을 뚫기 위해 견고한 탄약을 사용했고, 일반적인 용도에는 고폭탄을 발사하는 곡사포를 이용했다. 보병은 또한 성형작약 무기를 소지했는데, 미국의 바주카포(Bazooke)나 독일군의 판처파우스트(Panzerfaust)가 그것이다. 이것들은 전차의 차체를 관통할 수 있었지만, 유효사거리가 100미터 정도에 불과했다. 직접항공지원 임무는 단좌형 프로펠러 전폭기들이 수행했는데, 2,000파운드(1,000킬로그램)의 무장을 적재하고 최고속도 400mph(650km/h)로 비행했다. 모든 전술 단위를 통합하는 수단은 휴대용 무전기로, 소대 단위에서는 1942년부터 사용되어 한 사람이 육안으로 관측하기에는 너무나 광범위한 전장의

사단 공격의 제1선. 15(스코틀랜드)사단의 로열 스콧츠 퓨질리어 연대(Royal Scots Fusilier) 6대대의 병사들이 노르망디 전투의 '엡섬(Epsom)' 작전 개시일인 6월 26일 연막을 뚫고 전진하고 있다. 그들이 총검을 착검한 상태라는 점과 놀랍게도 근접전에서 그것을 자주 사용했다는 점에 주목할 필요가 있다. 또한 이들보다 200미터 후방에는 예비소대가 뒤따르고 있었다는 사실도 특별히 밝혀둔다.(대영제국 전쟁박물관 사진번호 B5953)

지상전에서 제1차 세계대전에 비해 확연하게 달라진 모습은 믿을 만한 음성통신 휴대용 무전기가 사용되었다는 것이다. 이를 통해 고위 사령관도 제일선에서 벌어지는 상황을 직접 귀로 들을 수 있었다. 이 무전기가 없었다면, 노르망디 전투는 제1차 세계대전의 전투와 별로 다를 것이 없었을 것이다. 이 사진은 미군 제987포병중대의 두 병장이 사격지시를 받고 있는 모습을 담고 있다. 6월 10일, '오마하 비치(Omaha Beach)' 내륙에서 촬영했다.(대영제국 전쟁박물관 사진번호 B5410)

5호 전차 판터 모델 D. 1944년 7월, 노르망디에서 촬영했다. 소련군의 T-34 전차에 대응하기 위해, 독일이 개발한 이 전차는 1944년에 부대에 배치되기 시작했다. 연합군은 노르망디 전투에서 처음으로 이 전차를 상대했다.(대영제국 전쟁박물관 사진번호 STT4536)

상황을 상급부대 지휘관들에게 직접 보고할 수 있게 되었다. 하지만 전자전은 아직 유아기에 불과해 야간이나 악천후에는 모든 지상군과 공군의 전투력이 현저하게 감소되었다.

| 독일군 |

독일 육군의 전투교리는 제1선 병력의 질적 우위를 최우선으로 했다. 또한 그들의 전술교리는 이렇게 말하고 있다. "화력에서 우위를 점하라. 그러면 전투의 나머지 부분은 알아서 이루어질 것이다."

이런 교리는 심지어 독일군 최고 수뇌부의 행동에도 반영되었다. 그들은 작전에는 탁월했지만, 전략가로서는 평범했다. 최고의 병사와 지휘관, 장비들은 전투사단의 전투부대에 집중해야 했다. 이들은 연합군보다 확실히 우수했다.

하지만 1944년이 되자, 전쟁의 압력은 독일의 사단 체계를 붕괴시켰고, 캄프그루페(Kampfgruppe), 즉 전투단이 사단이 가졌던 기본적인 작전 단위의 지위를 계승했다. 전투단은 사단보다 규모는 작았지만, 각종 전투 병과가 통합되어 있었으며, 그 구조나 크기가 고정되어 있지 않았다. 독일의 기갑사단은 완벽하게 차량화되어 있었지만, 독일군의 나머지 병력들은 여전히 말이 끄는 수송수단에 의지하고 있어서, 1개 사단이 대략 5,000필 정도의 말을 보유하고 있었다.

1944년 초에 3개 보병연대와 1개 포병연대 병력 1만 7,200명으로 구성된 독일 보병사단의 삼각 구조는 사라졌다. 지원 포병대는 감소되고 2개 대대를 보유한 3개 연대 체제나 3개 대대를 보유한 2개 연대 체제로 바뀌면서, 1개 사단의 완전편제 인원은 1만 2,800명이 되었다. 공군의 낙하산사단은 9개 대대 편제를 그대로 유지했다. 노르망디에서 해안을 방어했던 사단들은 대부분 '고정' 사단으로, 조직적인 수송수단 없이 고령자 혹은 의학적으로 볼 때 부적합한 사람들로 병력이 구성되어 있었다. 이런 약점을 보완하기 위해, 일부 고정사단에 추가로 '동방(Ost)' 대대를 배치했는데, 이 동방대대는 동부전선의 포로들 가운데 독일을 위해 싸우겠다고 '자원' 한 사람들로 구성되어 있었다.

1941년, 독일군이 처음으로 소련의 중전차(重戰車)를 접하면서 그들도 중전차를 개발하게 되었다. 이렇게 해서 독일군이 개발한 전차가 5호 전차 '판터(Panther)', 6호 전차 '티거(Tiger)' 와 '킹 티거(King Tiger)' 이다. 이것들은 사거리가 200미터 이상 떨어진 경우 대부분의 연합군 전차 포탄이 그대로 튕겨나갔고, 그보다 다섯 배나 먼 거리에서 연합군의 전차를 파괴할 수 있는 능력을 가지고 있었다. 판터와 4호 전차들은 기갑사단에 배치했지만, 티거는 특별 중전차대대에만 집중적으로 배치했다. 여기에 부가적인 화력으로 무한궤도 돌격포가 있었는데, 그것은 실질적으로 포병이 모는 포탑 없는 전차였다.

기갑사단의 기본적인 구조는 완전편제 인원 1만 4,750명에 2개 전차대대를 거느린 1개 전차연대와 각각 2개 대대로 구성된 2개 차량화 보병연대로 구성되었다(무장친위대는 3개 대대를 1개 연대로 편성했는데, 노르망디 전투 때까지는 대부분이 지원병이었다). 실제로는 노르망디에 있는 독일의 어떤 기갑사단

:: 독일군 전투 서열

국방군 최고사령부
최고사령관: 아돌프 히틀러
참모총장: 빌헬름 카이텔 원수
작전부장: 알프레트 요들 상급대장

서부전구 최고사령부
게르트 폰 룬트슈테트 원수(1944년 7월 2일까지)
귄터 폰 클루게 원수(1944년 8월 18일까지)
발터 모델 원수

B집단군
에르빈 롬멜 원수(1944년 7월 17일까지)
귄터 폰 클루게 원수(1944년 8월 18일까지)
발터 모델 원수

7군
프리드리히 돌만 상급대장(1944년 6월 28일까지)
파울 하우저 친위상급대장(1944년 8월 20일까지)
하인리히 에버바흐 대장(1944년 8월 30일까지 임시)

서부전구 기갑집단(1944년 8월 5일까지 명칭) 이후 5기갑군
레오 프라이어 가이어 폰 슈베펜부르크 대장(1944년 7월 6일까지)
하인리히 에버바흐 대장(1944년 8월 9일까지)
요제프 '제프' 디트리히 친위상급대장(1944년 8월 1일 친위대장에서 진급–옮긴이)

1친위기갑군단
요제프 '제프' 디트리히 친위대장(1944년 8월 9일까지)
헤르만 프리스 친위대장

2친위기갑군단
파울 하우저 친위대장(1944년 7월 28일까지)
빌헬름 비트리히 친위대장

47기갑군단
한스 프라이어 폰 푼크 대장

58기갑군단
발터 크루거 대장

2낙하산군단
오이겐 마인들 대장

25군단
빌헬름 파름바커 대장

74군단
에리히 슈트라우베 대장

81군단
아돌프 쿤첸 대장

84군단
에리히 마르크스 대장(1944년 6월 12일까지)

빌헬름 파름바커 대장(1944년 6월 18일까지 임시)
디트리히 폰 콜티츠 중장(1944년 7월 28일까지)
오토 엘펠트 중장

86군단
한스 폰 옵스트펠더 대장

기갑사단
2기갑사단, 9기갑사단, 21기갑사단, 116기갑사단, 기갑교도사단

무장친위대사단
1친위기갑사단 '라이프스탄다르테 아돌프 히틀러(Leibstandarte Adolf Hitler)', 2친위기갑사단 '다스 라이히(Das Reich)', 9친위기갑사단 '호헨슈타우펜(Hohenstauffen)', 10친위기갑사단 '프룬츠베르크(Frundsberg)', 12친위기갑사단 '히틀러 유겐트(Hitler Jugend)', 17친위기갑척탄병 사단 '괴츠 폰 베를리힝겐(Goetz von Berlichingen)'

독립기갑대대
101친위중전차대대, 102친위중전차대대, 10중전차대대(후에 501~503 중전차대대로 부대번호가 바뀜), 654대전차중화기대대, 668대전차중화기대대, 709대전차대대

보병사단
77사단, 84사단, 85사단, 89사단, 243고정사단, 265고정사단, 266고정사단, 271사단, 272사단, 275사단, 276사단, 277사단, 326고정사단, 331사단, 343고정사단, 344고정사단, 346고정사단, 352사단, 353사단, 363사단, 708고정사단, 711고정사단, 716고정사단

독립포병여단
7로켓포여단, 8로켓포여단, 9로켓포여단

공군사단
2낙하산사단, 3낙하산사단, 5낙하산사단, 16공군지상전사단, 91공수사단

공군 최고사령부
공군 최고사령관 헤르만 괴링 제국원수

3항공전단
후고 슈페를레 원수

	대수	작전가능 대수
		(1944년 5월 30일 기준)
주간 전투기	315	220
야간 전투기	90	46
폭격기	402	200
수송기	64	31
합계	891	497

3방공포군단
88밀리미터 다목적 대공포 120~160문과 소구경 대공포 300문

6호 전차 E형 티거 전차. 101친위중전차대대 1중대.(데이비드 E. 스미스의 삽화)

6호 전차 E형 티거 전차. 503중전차대대 3중대.(데이비드 E. 스미스의 삽화)

6호 전차 E형 티거 전차. 실전 배
치가 시작된 직후인 1943년에 독
일에서 촬영한 사진이다. 소련의
KV-1 중전차에 대한 대응책으로
개발한 티거 전차는, 5호 전차 판
터보다 먼저 실전에 배치했으며,
연합군은 북아프리카 전선에서 이
것을 처음 보았다. 초기에 연합군
은 그들의 전차가 가진 고도의 기
동성에 비해 이 전차가 너무 취약
하다고 생각했다. 게다가 이 전차
는 기계적 신뢰성이 떨어지는 것
으로 알려져 있었다. 하지만 노르
망디처럼 좁은 공간에서는 이 전
차가 너무나 위협적이었기 때문에,
연합군 전차의 승무원들이 전진을
주저할 정도였다. 아군 전차 3대와
거기에 탄 승무원들이 희생해야
겨우 티거 전차 1대를 파괴할 수
있었다.(대영제국 전쟁박물관 사진
번호 HU17183)

전차 제원

	장갑 두께 (정면/측면)	주포	속력	중량
미국				
M3 스튜어트(Stuart)	44/25mm	37mm	64km/h	13~15톤
M4 셔먼(Sherman)	76/31mm	75/76mm	38km/h	30~32톤
영국				
처칠	90/76mm	75mm	24km/h	37톤
처칠 Mk7	150/95mm	75mm*	20km/h	41톤
(* 1개 전차연대는 화염방사기를 장비했다.)				
독일				
4호 전차	80/30mm	75mm KwK 40	40km/h	25톤
5호 전차 판터	100/45mm	75mm KwK 42	55km/h	45톤
6호 전차 E형 티거	100/80mm	88mm KwK 36	37km/h	54톤
6호 전차 B형 킹 티거	180/80mm	88mm KwK 43	40km/h	68톤

도 편제가 같지 않았다. 기계화(기갑척탄병)사단은 반무한궤도 장갑차나 트럭에 탑승한 9개 대대와 1개 돌격포대대로 구성되었다. 따라서 독일군 사단은 중화기(重火器)는 하나도 없이 2개 약체 동방대대와 병자들로 구성된 4개 대대를 가진 266고정사단에서부터 병력 2만 1,386명에 완벽하게 장비를 갖춘 18세 지원병들로 구성된 '히틀러 유겐트' 사단까지 상상할 수 있는 모든 형태의 사단을 전부 갖출 수 있었다.

| 연합군 |

미국의 전투교리는 행정과 조직을 통해 전쟁에서 승리해야 한다는 것이었다. 질적으로 가장 우수한 미군 병사는 후방지역에, 그보다 질이 떨어지는 병사는 전투부대에, 최악의 병사는 보병에 배치했다. 미군의 훈련과 화력 그리고 독일군 전차 1대에 맞서 전차 4대를 내보낼 수 있었던 미국의 산업 역량이 전투부대의 질을 보완했다.

사단은 고도의 기동성을 갖춘 공세작전을 염두에 두고 가능한 한 '군살이 적게' 편성했다. 미군의 기본적인 사단 편제는 삼각 대형으로, 3개 대대를 가진 3개 연대와 1개 포병연대, 그리고 1개 중포대대로 구성되었으며, 완전편제 인원은 1만 4,000명이었다. 1개 기갑사단(미군이 장비를 지원한 프랑스 2기갑사단을 포함해서)은 M4 셔먼 전차 3개 대대와 반무한궤도 장갑차에 탑승한 3개 보병대대, 3개 자주포대대를 비롯해서 1개 경전차대대를 포함하는 지원화력으로 구성되었다. 완전편제 인원은 1만 1,000명으로, 전차 248대를 보유했다. 사단에는 3개 전투지휘본부(CCA와 CCB, 예비로 CCR)가 있어서 필요한 경우 예하의 대대들을 2개 혹은 3개 전투 그룹으로 통합할 수 있었다.

미국의 전술교리는 독립적인 기갑대대와 보병대대 혹은 포병대대들로 구성된 예비대를 사령부 직할부대로 보유하다가 필요할 때 이들을 각 사단에 배치하는 것이었기 때문에, 노르망디 작전에 참가한 대부분의 사단은 1개 혹은 3개 대대를 추가로 보유하고 있었다. 보병연대는 가끔 전차대대를 통합해

:: 연합군 전투 서열

연합군 원정군 최고사령부
최고사령관 : 드와이트 D. 아이젠하워 대장
부사령관 : 아서 테더 공군대장
참모장 : 월터 베델 스미스 소장

21집단군
육군대장 버나드 L. 몽고메리 경

영국 2군
육군 중장 마일스 뎀프시 경

1군단(1944년 7월 23일부터 캐나다 1군에 배속)
J. T. 크로커 중장

8군단(1944년 7월 16일부터)
육군 중장 리처드 오코너 경

12군단(1944년 6월 30일부터)
N. M. 리치 중장

30군단
B. C. 버크널 중장(1944년 8월 3일까지)
B. C. 호럭스 중장

기갑사단
근위기갑사단, 7기갑사단, 11기갑사단, 79기갑사단(특수
용도 전차로 구성된 사단—옮긴이)

독립기갑여단
4기갑여단, 8기갑여단, 27기갑여단, 33기갑여단, 6근위
전차여단, 31전차여단, 34전차여단

보병사단
3사단, 6공정사단, 15(스코틀랜드)사단, 43(웨섹스)사단,
49(웨스트 라이딩)사단, 50(노섬벌랜드)사단, 53(웨일
스)사단, 59(스태퍼드셔)사단

독립코만도여단
1특전여단, 4특전여단

캐나다 1군(1944년 7월 23일부터)
H. D. G. 크레러 중장

*캐나다 2군단(1994년 7월 12일 편성, 1944년 7월 23
일 영국 2군에서 소속 전환됨)*
G. S. 시몬즈 중장

기갑사단
캐나다 4기갑사단, 폴란드 1기갑사단

독립기갑여단
캐나다 2기갑여단

보병사단
캐나다 2사단, 캐나다 3사단

12집단군(1944년 8월 1일부터)
오마 N. 브래들리 중장

미국 1군
오마 N. 브래들리 중장(1944년 8월 1일까지)
커트니 H. 호지스 중장

미국 3군
조지 S. 패튼 주니어 중장

군단
5군단
레너드 T. 게로 소장

7군단
J. 로턴 콜린스 소장

8군단(1944년 6월 15일부터)
트로이 H. 미들턴 소장

12군단(1944년 7월 29일부터)
길버트 R 쿡 소장

15군단(1944년 8월 2일부터)
웨이드 H. 헤이슬립 소장

19군단(1944년 6월 12일부터)
찰스 H. 콜레트 소장

20군단(1944년 8월 2일부터)
월턴 H. 워커 소장

기갑사단
2기갑사단 '헬 온 휠스(Hell on Wheels),' 3기갑사단,
4기갑사단, 5기갑사단, 6기갑사단, 7기갑사단, 프랑스
2기갑사단

보병사단
1사단['빅 레드 원(Big Red One)'] 2사단, 4사단, 5사
단, 8사단, 9사단, 28사단, 29사단, 35사단, 79사단, 80
사단, 82공정사단['올 아메리칸(All American)'], 83사
단, 90사단, 101공정사단['스크리밍 이글스(Screaming
Eagles)']

연합 공군 원정부대
공군 대장 트래퍼드 레이-말로리 경

영국 2전술공군
중장 아서 커닝햄 경

73개 전투기대대, 20개 중형폭격기대대, 7개 근접항공
지원대대
보유 항공기 약 1,220대

미국 9공군
루이스 H. 브레레턴 중장(1944년 8월 7일까지)

조이트 S. 반덴버그 소장

65개 전투기대대, 40개 중형폭격기대대, 56개 수송기
대대
보유 항공기 약 2,000대

영국 본토 방공군
로더릭 M. 힐 중장

41개 전투기대대, 보유 항공기 약 500대

영국 폭격기 사령부
공군 대장 아서 T. 해리스 경

73개 대형폭격기대대, 15개 경폭격기대대
보유 항공기 약 1,400대

미국 8공군
제임스 H. 두리틀 중장

160개 대형폭격기대대, 45개 전투기대대
보유 항공기 약 2,400대

M4 셔먼 전차. 미 육군의 주력 전차이며, 동시에 영국군도 많이 사용했다. 제2차 세계대전의 모든 전구에 빠짐없이 참전했으며, 심지어는 소련군도 사용했다. 전쟁 기간 동안 미국 산업계가 생산해낸 전차 8만 8,410대 중 4만 9,234대가 셔먼 전차이거나 그 변종이었다. 기계적인 면에서는 상당히 신뢰할 만했지만, 쉽게 화재가 발생한다는 불만이 많았고, 게다가 독일의 중전차에 상대가 되지 못했다. 사진 속의 전차는 크라이슬러가 제작한 M4A4 셔먼으로, 1944년 7월 프랑스의 폴란드 1기갑사단에 소속되어 있었다. 독일 중전차를 상대하기 위해 셔먼을 개선하는 데 사용한 두 가지 장치를 잘 보여주고 있다. 하나는 예비 무한궤도와 보기 휠(bogey wheel) 부속품들을 비롯해 차체 정면의 장갑에 덧댄 금속들이다. 다른 하나는 셔먼의 표준 75밀리미터 전차포 대신에 영국이 개발한 17파운드 대전차포이다. '반딧불이(Fireflies)' 라는 별명을 가진 이 전차는 영국군 전차 가운데 4분의 1을 차지했다. 17파운드 대전차포의 단점은 1944년 9월이 될 때까지 이 포가 사용할 수 있는 고폭탄약이 개발되지 않았다는 데 있었다. 미군도 1944년 7월부터 셔먼의 75밀리미터 전차포를 76밀리미터 전차포로 대체하기 시작했지만, 노르망디 전투 결과 76밀리미터 전차포도 이전 것만큼이나 효과가 적다는 사실이 입증되었다. (대영제국 전쟁박물관 사진번호 B7573)

M4A1 전차. 미국 2기갑사단의 66연대 혹은 67연대의 D중대 3소대 소속으로, 프랑스 코탕탱 반도 작전 때의 모습이다.(스티브 J. 잘로가의 삽화)

돌격포/구축전차 제원

	장갑 두께 (정면/측면)	주포	속력	중량
미국				
M10 울버린	76/51mm	3in	38km/h	32톤
M18 헬켓	50/25mm	76mm	80km/h	20톤
독일				
야크트판터 (Jagdpanther)	80/50mm	88mm KwK 43	55km/h	46톤
야크트티거 (Jagdtiger)	250/80mm	128mm PaK 44	37km/h	70톤

노르망디 해안선을 따라 건설된 전형적인 독일군 토치카. 이것은 '골드' 비치에 있는 것으로, 영국군이 점령하고 한 달 뒤에 찍은 사진이다(흰색 영국 깃발에 주목하기 바란다). 토치카에 수십 차례 연합군의 대전차포가 명중했지만, 단 한 발도 콘크리트 벽을 관통하지 못한 것으로 보인다. 입구 주변에 그을음 자국이 있는 것으로 보아 배낭형 폭탄이나 화염방사기를 사용한 듯하다.(대영제국 전쟁박물관 사진번호 B6381)

롬멜의 명령으로 1944년 1월~6월에 급조된 해안 방어시설을 침공 해안을 따라 건설했다. 사진 속의 시설은 파드 칼레 지역에서 5월에 촬영한 것으로, 영국 공군의 정찰용 스피트파이어(Spitfire) 전투기가 낮은 고도로 통과하는 동안 엄폐물을 찾아 달리는 사람들과 비교해 그 크기를 가늠할 수 있다. 강철 대들보는 대전차 함정 역할을 했으며, 가끔 지뢰가 설치되어 있기도 했다. 이 시설은 독일 선전성이 떠들던 독일군의 철벽 해안방어진인 '대서양 방벽'에 미치지는 못했다.(대영제국 전쟁박물관 사진번호 CL1)

'연대전투단'을 구성하기도 했다. 미국의 대전차 포병은 대략 40퍼센트 정도가 견인식 대전차포를 장비하고 있었고, 나머지는 무한궤도 자체추진 대전차포를 장비하고 있었으며, 양쪽 다 독립된 대전차포병대대로 편성되어 있었다.

영국군은 이와 같은 전투교리를 가지고 있지 않았으며, 나름대로 특이한 사단 조직을 가지고 있었다. 사단은 기본적으로 대영제국의 무장경찰 병력이던 독립보병대대를 모아놓은 것으로, 독립보병대대는 그들의 상위 행정 조직인 연대에 대해 아무런 충성심도 가지고 있지 않았다. 게다가 연대는 전투 단위도 아니었다. 서로 다른 연대에 속해 있는 3개 대대가 1개 여단을 형성하고 3개 여단에 1개 포병여단을 추가하여 완전편제 인원 1만 8,400명인 보병사단을 구성했다. 전차 286대(대부분 셔먼이나 크롬웰 전차였다)와 1만 5,000명의 병력으로 구성된 기갑사단은 3개 차량화보병대대로 구성된 1개 보병여단과 3개 전차대대—보통은 연대라고 불렀다—로 구성된 1개 기갑여단 그리고 추가로 반무한궤도 장갑차에 탑승한 1개 보병대대로 나뉘었다. 자체적으로 활동하는 개별 대대들이 우수할 수도 있고 그렇지 않을 수도 있지만, 뛰어난 능력을 가지고 있고 운이 좋은 지휘관이라면 그들을 통합해 하나의 훌륭한 사단을 만들어낼 수도 있을 것이다.

하지만 대대들 사이의 협동작전 능력과 보병과 전차 사이의 협동작전 능력은 형편없었다. 영국군은 보병을 근접 지원하기 위해, 중장갑 처칠 전차와 특수 장비를 갖춘 전차들을 투입했다. 이것들은 행정적으로 79기갑사단에 속해 있었지만, 영국 2군 전체에 분산되어 있었다. 영국군 병과 중에서 가장 효율적이고 성공적인 병과는 포병으로, 너무 효율적으로 조직되어 있는 나머지 심지어 하위 위관장교라도 사거리 내에 있는 목표물에 포대의 전화력을 집중시킬 수 있었다. 모두 지원병으로 구성된 캐나다 사단과 폴란드 1기갑사단은 영국의 사단 구조를 따르고 있었다.

양측 작전계획

노르망디에서 연합군이 승리한 것은 당연한 결과는 아니었다. 1944년 봄, 독일 육군은 314개 사단으로 구성되어 있었는데, 그 중 기갑사단이 47개였고 66개 사단은 다른 동맹국이 제공한 병력이었다. 이들 중 215개 사단은 동부전선에, 36개 사단은 발칸반도에, 27개 사단은 스칸디나비아에, 그리고 25개 사단은 이탈리아에 배치되었으며, 8개 사단은 다른 전선으로 이동 중이어서 전략 예비부대는 하나도 없는 상태였다.

그 결과 61개 사단만이 프랑스 방어병력으로 남게 되었는데, 그 중 11개 사단은 기갑사단이었다. 독일군 사단이 가지고 있는 취약점과 연합군의 강점을 모두 고려하더라도, 독일은 '오버로드' 작전에 참가한 연합군 전체 병력에 맞먹는 전력을 가지고 있었고, 이 정도면 침공을 저지시키기에 충분했다.

| 독일군의 작전계획 |

서부전선에서 독일군에게는 최고사령관이 한 명 있었던 것이 아니기 때문에, 연합군을 격퇴시키기 위한 통합된 작전계획이란 것은 있을 수 없었다. 아돌프 히틀러는 연합군이 가장 직접적인 경로를 따라 6월이나 7월의 맑은 기후를 틈타 파 드 칼레에 상륙할 것이라고 생각했다. 서부전구 기갑집단의 사령관으로서 가이어 폰 슈베펜부르크 대장은 자신의 기갑사단들이 해안에서 떨어진 곳에 집결해 있다가, 연합군이 내륙으로 전진해올 때 반격을 가하려고 했다. 전에도 독일의 작전 능력 때문에 연합군의 상륙작전이 지연되거나 교착 상태에 빠진 적이 두 차례나 있었다. 연합군은 북아프리카에서 독일군을 패배시킬 때까지 다섯 달이 걸렸었다. 한편 로마 점령은 1943년 11월까지 끝낼 예정이었지만, 1944년 6월 4일까지도 성공하지 못했다. 육군 원수 룬트슈테트 장군은 자신의 부하가 내세운 전략을 유연한 방어계획이라고 인정했고, 훗날 만약 자기에게 재량권이 주어졌다면 연합군이 승리하더라도 엄청난 피의 대가를 치렀을 것이라고 말했다.

이 전략은 롬멜 원수의 강력한 반대에 부딪쳤다. 북아프리카에서 겪은 자신의 경험에 비추어, 롬멜은 그와 같은 기동방어는 연합군이 압도적인 제공권을 확보하고 있는 상황에서는 불가능하다고 생각했다. 게다가 연합군은 제공권을 프랑스 침공의 선결조건으로 생각했다. 롬멜은 파 드 칼레를 가장 가능성이 높은 연합군의 침공지로 꼽았지만, 독일이 침공군을 격퇴시킬 수 있는 유일한 기회는 해안교두보를 확보하기 전, 24시간뿐이라고 생각했다. 이를 위해, 롬멜은 독일의 기갑부대를 자신의 지휘 하에 두고 이들을 해안선 가까이 배치해야 한다고 끊임없이 주장했다. 1944년 5월, 그는 또한 괴링 원수에게 간청해 3방공포군단을 해안선 가까이에 전진 배치하려고 했지만, 결국 성공하지 못했다.

사실, 독일 공군은 연합군에게 아주 귀중한 정보를 제공하고 있었다. 이 사실은 괴링은 물론 롬멜도 모르고 있었다. 연합군 통신정보부대의 가장 값진 비장의 물건은 '울트라(Ultra)' 암호해독기였다. 이것은 독일군이 최고 기밀을 전송하는 데 사용한 '에니그마' 암호를 해독할 수 있는 원시적인 영국의 컴퓨터를 기초로 해서 만든 것이다. 1944년 초여름, 울트라 암호해독기로 정기적으로 해독당한 독일군의 '에니그마' 통신문은 독일 공군이 전송한 것으로, 여기에는 모든 항공사단과 그들의 사령부에 배속된 연락장교들의 통신이 모두 포함되어 있었다. 하지만 최전선이 고정되어 있는 상황에서 독일군 통신문 대부분이 지상의 유선통신선을 따라 전달되었기 때문에, 이것만은 '울트라' 암호해독기조차도 어쩔 수 없었다.

| 연합군의 작전계획 |

1943년 5월 이후, 연합군 원정군 최고사령부의 전신인 연합군 총참모본부는 침공계획을 연구하고 있었다. 고전적인 전략은 직접적인 침공 경로인 도버 해협을 건너는 쪽을 선호했다. 하지만 그곳은 독일군이 해안선에 대서양 방벽이라는 요새를 가장 강력하게 구축한 곳이기도 했다. 또한 그곳에는 독일 15군이 17개 사단을 배치해놓았다. 따라서 연합군 총참모본부는 그곳을 포기하고 독일 7군이 11개 사단으로 방어하고 있는 노르망디를 상륙지역으로 선정했다. 1942년 8월에 수행한 디에프(Dieppe) 급습작전의 참담한 실패는 상륙 초기에 항구를 탈취한다는 것이 불가능하다는 것을 보여주었다. 그래서 그 대신 암호명 '멀베리(Mulberry)'인 사전조립식 항구를 만들어 그것을 끌고 해협을 건넌 다음 상륙지역에 설치할 예정이었다.

연합군의 승리는 무엇보다도 독일군이 전선에 증원부대를 보내는 것보다 더 빨리 상륙군과 보급물자를 노르망디에 보급할 수 있느냐 없느냐에 달려 있었다. 효율적인 관리체계와는 별도로, 상륙작전의 성공은 두 가지 요소에 좌우되었다.

첫 번째 요소는 대규모 기만전술인 '포티튜드' 작전(Operation 'Fortitude')으로, 이 작전은 독일군이 연합군 원정군 최고사령부 예하 부대의 전력 규모

멀베리 항구. 이 사진은 1944년 9월에 아로망슈(Arromanches) 연안에 완성된 형태의 영국군 멀베리 항구를 보여주고 있다. 이 무렵에는 이미 항구의 유용성이 대폭 감소된 상태였다.(대영제국 전쟁박물관 사진번호 BU1029)

를 실제와는 달리 두 배가 되는 것처럼 생각하게 만드는 것이었다. 이중간첩과 가짜 무선통신, 가짜 주둔지, 허위 뉴스기사 등이 미 1집단군에 대한 환상을 창조해냈으며, 이들은 영국 남동부에 주둔 중인 30개 사단 전력으로 화려한 전력을 가진 조지 S. 패튼(George S. Patton) 중장의 지휘 아래 있는 것으로 조작되었다. 심지어 '오버로드' 작전 개시일이 1944년 6월 5일로 결정된 뒤

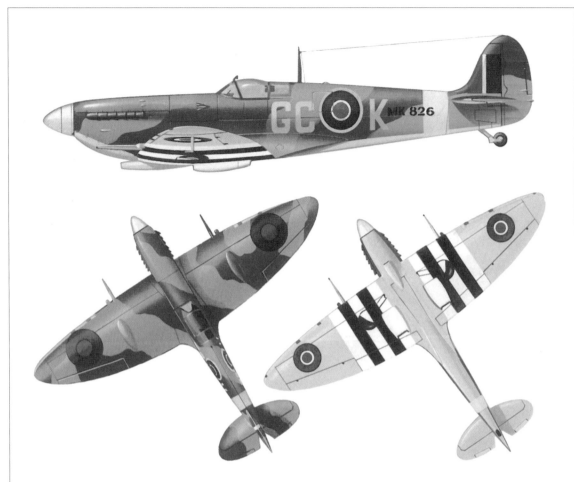

비커스 슈퍼마린 스피트파이어 Mk IXb, MK826. 비행단장 조지 키퍼(George Keefer)가 조종한 기체로, 프랑스 도버 해협 베니-수-메르(Beny-sur-Mer)에 있는 412비행대대의 비행장을 기지로 삼았다.(마이클 로페의 삽화)

에도, 연합군은 미국 1집단군이 7월에 파 드 칼레에 상륙할 것이라고 독일이 믿어주기를 바랐다. 그래야 독일 15군이 파 드 칼레 지역을 떠나지 못할 것이기 때문이었다.

또 다른 필요조건은 제공권의 확보였다. 1944년 1월, 공군의 레이-말로리 대장은 모든 가용 항공기를 동원해 프랑스의 운송 및 철도 체계를 공격하는 계획을 발표했다. 이 계획은 두 가지를 목표로 삼았다. 독일군이 전장으로 원활하게 이동하지 못하게 억제하는 동시에, 독일 3공군이 철도 방어에 나서도록 함으로써 소모성 항공전을 통해 그들을 패배시키는 것이었다. 전쟁 기간 내내 영국 폭격기 사령부와 미국 8공군은 그들이 선호하는, 독일 도시를 폭격

연합군 폭격기 제원

	최고속력 (km/h)	상승한도 (m)	무장적재량 (kg)	항속거리 (km)	승무원 (명)
미국					
B-17 플라잉 포트리스 (Flying Fortress)	510	11,200	1,800	4,590	10
B-24 리버레이터 (Liberator)	482	11,580	1,800	3,220	10
B-25 미첼(Mitchell)	470	7,370	1,800	2,670	5
B-26 머로더(Marauder)	458	6,614	1,800	1,770	6
A-20 하복(Havoc)	523	7,390	900	400	3
(하복의 영국 공군 버전은 보스턴으로 알려져 있다)					
영국					
랭커스터(Lancaster)	462	6,096	6,350	2,670	7
핼리팩스(Halifax)	450	6,096	5,900	1,544	7
모스키토(Mosquito)	560	9,754	900	2,044	2

연합군 전투기 및 전폭기 제원(단좌형)

	최고속력 (km/h)	상승한도 (m)	무장 (캐논/기관총)	항속거리 (km)
미국				
P-38 라이트닝(Lightning)	666	13,400	1×20mm/4×0.5in*	724
P-47 선더볼트(thunderbolt)	752	13,100	8×0.5in*	3,540**
P-51 무스탕(Mustang)	703	12,800	6×0.5in*	3,700**
영국				
스피트파이어(Spitfire)	721	13,500	4×20mm*	1,370
타이푼(Typhoon)	652	10,300	4×20mm*	980

*이 전투기들은 날개 밑에 500파운드 폭탄 2~3개 혹은 60파운드 비유도 로켓 8~10발을 장착할 수 있다.
특히 타이푼은 적의 기갑부대를 로켓으로 공격하는 것으로 유명하다.
**추가 연료탱크 장착 시 항속거리

하는 전략에서 벗어나는 것을 꺼려했다. 하지만 장시간의 협상 끝에 4월 5일 아이젠하워는 대형폭격기에 대한 작전 지휘권을 갖게 되었다. 그 결과, 연합군 공군은 프랑스 철도체계가 지닌 역량의 40퍼센트와 서부전구의 독일 공군을 모두 쓸어버릴 수 있었다. D-데이에 연합군은 사실상 프랑스 상공에 대한 주간 및 야간 제공권을 확실하게 장악한 상태가 되었다.

지상전투 계획은 지상군 사령관으로서 몽고메리 장군이 작성했고, 5월 15일 개최된 연합군 원정군 최고사령부 선제 브리핑에서 최종 확정되었다. 영

이 사진은 프랑스 상공에 대한 제공권을 장악하기 위한 전투 장면을 담고 있다. 1944년 5월 2일, 미국 9공군 소속 B-26 머로더 폭격기들이 발랑시엔의 조차장을 공격하고 있다. 2월 9일부터 6월 6일 사이의 기간 동안, 연합군 공군은 2만 1,949소티의 출격을 감행해 7만 6,200톤의 폭탄을 800개가 넘는 프랑스의 운송수단 목표물에 투하했다. '싸우는 프랑스인'[Fighting French, 자유프랑스 (Free France) 레지스탕스가 스스로 이름을 바꿈]은 연합군 공군이 수행한 전략으로 인해 프랑스 민간인이 입은 엄청난 피해를 묵묵히 받아들였다. (대영제국 전쟁박물관 사진번호 EA21615)

6월 1일 연합군 상륙주정들이 사우샘프턴 항구에 대기 중이다. 전차상륙정의 선수도어 겸 램프와 상륙지휘정에 설치된 추가 안테나들이 눈에 띈다. 전부 합쳐서 약 7,000여 척의 함정들이 노르망디 상륙작전에 참가했고, 그 중 4,126척이 상륙함과 상륙정이었다. 2개 추가적인 통합 참모체계, BUCO(Build UP Control, 증원선적통제본부)와 TURCO(Turn Round Control, 반환점하역통제본부)가 연합군 원정군 최고사령부에 의해 창설되어 영국해협을 횡단하는 병력의 이동을 조율해야만 했다. (대영제국 전쟁박물관 사진번호 A23731)

국군은 노르망디 동부 해안에, 미군은 서부 해안에 상륙하고, 그 뒤에 양군은 내륙으로 진격한다는 것이 그 골자였다. 독일군은 (가이어 폰 슈베펜부르크 대장이 원하는 바와 같이) 기동에 의한 탄력적 방어전에 나설 것이고, 그러기 위해 기갑부대는 반격을 위해 내륙에 대기할 것이다. 그의 작전계획에 의하면, 독일군이 연합군 중 최고로 우수한 부대로 평가하는 영국군이 캉(Caen)과 팔레즈(Falaise)를 잇는 평야로 밀고 내려가면서 파리로 가는 직선 노선으로 과감하게 돌파하며 적을 위협하면, 미군이 영국군의 측면과 배후를 엄호할 예정이었다.

하지만 이러한 돌파 시도는 기만전술에 불과했다. 독일군이 이러한 영국군의 움직임에 대응해 증원부대를 그쪽에 집중하면, 미군은 노르망디를 돌파하고 서쪽으로 향해 브르타뉴 항구를 확보할 생각이었다. 브르타뉴 항구와 셰르부르(Cherbourg)는 다음 단계의 작전을 위한 연합군의 강력한 군수기지가 될 예정이었다. 그 다음 연합군의 4개 군은 동쪽으로 선회해 넓은 전선을 따라 일제히 전진하여 독일군에게 연합군의 측면을 역습할 수 있는 기회를 주지 않을 것이다. 비록 세부적인 계획표를 따로 정하지는 않았지만, 연합군은 6월말까지 내륙으로 상당히 진출해 작전 개시 90일 뒤에는 센 강(River Seine)에 도달하고 다음 해 봄까지 전쟁을 끝낼 수 있기를 바랐다.

6월 초, 불길하게도 영국 남부와 프랑스 북부의 기상이 대단히 좋지 않았다. 6월 4일 아침, 상륙작전은 기상이 호전될 때까지 24시간 지연되었다. 6월 4일 21:45시, 기상참모와 연합군 원정군 최고사령부 예하 지휘관들의 조언을 들은 뒤, 마침내 아이젠하워는 '오버로드' 작전, 즉 노르망디 상륙작전을 1944년 6월 6일에 실행하기로 결정했다.

아이젠하워 장군이 '오버로드' 작전 개시 몇 시간 전인 1944년 6월 5일 이른 아침에 101공정사단의 공수보병연대를 시찰하고 있다(보안을 위한 지나친 검열 때문에 이 사진에서 '울부짖는 독수리(Screaming Eagles)' 사단의 휘장이 지워져 있는 것이 이채롭다). 이때 아이젠하워는 근심이 최고조에 달해 있어서, '오버로드' 상륙작전이 실패했을 경우에 언론에 발표할 짧은 성명서도 미리 기안해두었을 정도였다.(대영제국 전쟁박물관 사진번호 EA25491)

대단히 극적인 사진으로, 영국 6공정사단의 패스파인더(path-finder : 향도의 역할을 하는 선도부대-옮긴이)들이 6월 5일 23시경 출발 직전 각자의 시계를 일치시키고 있다. 그들 뒤에 DC-3 다코타(Dakota)의 엔진이 보인다. 패스파인더는 지상에 강하한 뒤에 착륙지점을 표시해 뒤따라오는 사단의 나머지 병력을 안내하는 역할을 수행했다. 네 사람, 바비 드 라투어 중위와 돈 웰스 중위, 존 비셔 중위, 밥 미드우드 중위는 노르망디를 밟은 최초의 연합군이었을지도 모른다.(대영제국 전쟁박물관 사진번호 H39070)

노르망디 전투

| 6월 6일~7일 연합군 상륙 |

노르망디 전투는 1944년 6월 6일 자정을 몇 분 지난 시각에 개시되었다(당시 영국은 더블 서머타임을 실시하고 있었기 때문에, 독일의 서머타임이나 국제표준시 간보다 2시간 더 빨랐다). 이때 연합군의 3개 공정사단에서 차출한 패스파인더 낙하산병들이 그들을 프랑스 해안 너머로 실어 나른 수송기에서 뛰어내리고 있었다. 지상에 도달하면, 그들은 강하지대를 표시하여 뒤따라 접근하는 공정대대들을 안내하고, 이 공정대대들은 연합군 상륙거점의 측면을 확보하기로 되어 있었다.

1시간 뒤에, 미국 101공정사단과 82공정사단이 코탕탱(Cotentin) 반도 상공에 도착해 비행기에서 뛰어내리고 있었다. 미군이 상륙한 해안 서쪽 끝에서 해안을 벗어나기 위한 출구를 확보하는 것이 이들의 임무였다. 동시에 영국 6공정사단의 낙하산병들은 연합군의 동쪽 측면에 강하하여 오른 강(River

Orne)과 캉 운하(Canal de Caen)의 교차점을 점령했다. 운하와 오른 강 위에 있는 중요한 '페가수스 다리(Pegasus Bridge)'는 패스파인더와 같은 시기에 글라이더로 강하한 영국 6공정사단의 특수부대가 이미 점령한 상태였다. 3개 공정사단에서 대부분의 글라이더 강하 병력은 6월 6일 아침에 프랑스로 날아와 지상 병력과 합류했다. 막대한 손실에 대한 우려에도 불구하고 이 공정사단의 투입은 상당히 큰 성공을 거두었다.

하지만 익숙하지 않은 지역에 그것도 야간에 강하했기 때문에, 미군 공정부대의 일부 대대들은 너무나 멀리 분산되어버렸고, 병력을 재편성하는 데만 며칠이 소요되었다. 이런 경험이 공정부대 지휘관들의 머릿속에 너무나 강하게 각인되어 있었기 때문에, 그 후 남은 전쟁 기간 동안 벌어지는 연합 공수작전은 모두 주간에 실시했다. 이로써 '오버로드' 작전은 역사상 야간에 실시된 마지막 대규모 공수작전이 되었다.

03:00시, 공수부대가 낙하한 지 정확하게 2시간 뒤에 거의 2,000대에 가까운 연합군 중장거리 폭격기들이 상륙지점에 있는 독일군 방어시설에 2시간에 걸쳐 사전폭격을 실시했다. 그들의 뒤를 이어 전함 7척과 순양함 18척, 구축함 43척, 포함 2척, 중포를 장착한 모니터함 1척이 함포사격을 실시했다. 이들은 상륙 함대와 함께 노르망디 해안에 도착했다. 상륙정이 함대를 출발해 해안에 도달하기 15분 전에 다시 미군 대형 폭격기 1,000대가 독일군의 주저항선에 추가 공격을 실시했다. 미군은 썰물 때를 이용해 영국군보다 1시간 일찍 상륙을 시작함으로써 수중 장애물이 가급적이면 많이 물 밖으로 드러나는 이점을 이용하려고 했다. 그래서 미군의 처음 함포사격 시간은 약 40분 정도로 줄었다. 06:30시, 로켓상륙함의 최종 엄호사격 지원을 받으면서 첫 번째 미군이 상륙을 개시했다.

　21집단군의 최초 상륙부대는 특별 편성된 8개 여단집단 혹은 연대전투단으로 구성되어 있었는데, 미군 3개 전투단과 영국군 3개 여단집단, 캐나다군 2개 여단집단이 참가했다. 작전계획에 따르면, 미국 1군은 2개 해안에 상륙해야 했다. 서쪽 끝에 있는 상륙 해안은 암호명이 '유타' 비치('Utah' Beach)로, 코탕탱 반도의 기저에 해당되는 지점이다. 이 지점은 평평하고 늪이 많은 평원과 바로 연결되어 있었는데, 그 평원은 사실상 엄호물이 전혀 없었으며, 게다가 독일군은 자체 방어계획에 따라 의도적으로 침수시켜 곳곳에 깊은 저수지가 형성되어 있었다. 미군의 2개 공정사단은 유타 비치로부터 내륙으로 들어가는 출구를 확보하면서, 동시에 독일군이 이 늪지를 통과하는 교량과 둑길을 방어를 위한 병목지점으로 활용하지 못하게 미리 선점하는 작전을 수행하고 있었다. 유타 비치에 최초로 상륙한 부대는 미 4사단 소속 8연대전투단으로, 이 사단이 미 7군단의 선봉에 섰다. 그 뒤를 따라 사단의 나머지 부대와 레인저 부대가 상륙했으며, 90사단의 일부 병력도 지원 세력으로 참가했다. 유타 비치는 동쪽에 있는 폭이 10마일(15킬로미터) 정도 되는 토트(Taute) 강과 비르(Vire) 강 어귀에 의해 인접 상륙 해안과 분리되어 있었다. 그 인접 상륙 해안

영국 전함 HMS 로드니(Rodney)가 D-데이 상륙작전을 지원하기 위해 16인치 주포를 발사하고 있다. 함포지원에 참가한 다른 전함으로는 HMS 넬슨(Nelson), HMS 워스파이트(Warspite), HMS 라밀리에스(Ramilies), USS 텍사스(Texas), USS 네바다(Nevada), USS 아칸사스(Arkansas) 등이 있다.(대영제국 전쟁박물관 사진번호 A23976)

6월 6일 D-데이에 '유타' 비치의 미 4사단 장병들. 몇몇 사상자들이 보이지만, 햇빛이 밝게 비치는 가운데 해안에 서 있어도 안전했다. 뒤쪽 배경에는 경비병이 서서 독일군 저격수를 경계하고 있다. 앞에는 군의관이 의료장비를 펼쳐놓고 부상병을 살피고 있다.(대영제국 전쟁박물관 사진번호 AT26063)

은 바로 '오마하' 비치('Omaha' Beach)로, 29사단의 116연대전투단과 1사단 (유명한 '빅 레드 원' 사단)의 16연대전투단이 공격을 담당했으며, 두 사단은 모두 미 5군단을 구성했다. 두 상륙 해안 사이, 비르 강 어귀 동쪽으로 미군 2 레인저와 5레인저 대대가 '푸앵트 뒤 옥(Pointe du Hoc)' 절벽을 공격해 그 위에 있는 독일군 해안포대를 침묵시켜야 했다. 그러나 나중에 밝혀진 바에 따

6월 6일 06:30시, 미 1사단 16연대전투단의 병사들이 '오마하' 비치의 해안에 접근하고 있다. 높은 조수 때문에 독일군의 해안방어 시설이 일부 물에 잠겨 있으며, 10공병돌격반의 '불도저전차(Tank-dozer)'의 모습도 보인다. 16연대전투단은 741전차대대의 지원을 받기로 계획되어 있었지만, 대대가 보유한 총 32대의 수륙양용 셔먼 전차 중 거친 파도와 독일군의 포화를 뚫고 해안에 도달한 전차는 5대에 불과했다. 멀리 오마하 비치의 가파른 해안선이 보인다.(대영제국 전쟁박물관 사진번호 AP25726)

르면, 그곳의 포진지에는 대포가 하나도 설치되어 있지 않았다.

악천후를 뚫고 공격을 감행한다는 결정은 상륙정에 탑승한 병력에게 심각한 문제를 안겨주었다. 조수의 흐름은 높은 파고를 형성했고, 물속에 설치된 장애물은 예상했던 것보다 더욱 심각한 위협을 가해왔다. 많은 상륙정이 해변에 접근하면서 침수되거나 장애물과 적의 포격에 침몰했다. 유타 비치의 넓은 모래언덕에 상륙한 4사단은 별다른 어려움 없이 목표를 달성했다. D-데이 하루 동안 4사단은 전부 합쳐서 200명 내외의 인원만 피해를 입었으며, 그날이 끝나갈 무렵에는 101공정사단과 연계하는 데 성공했다. 하지만 오마하 비치에서는 1사단과 29사단이 해안에 도달하기도 전에 기갑지원부대와 전투공병 대부분을 잃었다. 이곳의 해안은 높은 절벽 위에 자리를 잡은 독일군 진지에 완전히 노출되어 있었다. 게다가 예상치 못한 상황이 벌어졌다. 미군은 연합군이 주요 교두보를 형성할 지역을 방어하는 유일한 사단인 716고정

6월 6일 혹은 7일에 716고정사단 소속인 독일군 포로들이 오마하 비치에서 영국으로 이동하기 위한 수송선을 기다리고 있다. 어린 소년병과 나이 든 노병이 혼합된 병력 구성은 이 시기에 독일군 고정사단의 전형적인 특징이다. 이들을 하나로 묶기 위해서 때로는 사납고 잔인한 기율을 동원했다. 일부 포로들은 심지어 정규 군화조차 지급받지 못한 것처럼 보이는데, 아마 이들은 '동방' 대대 소속 병사일 것이다.(대영제국 전쟁박물관 사진번호 PL28213)

사단의 726척탄병연대만 상대하는 것이 아니라, 352사단의 914연대와 916연대도 상대해야 했다. 이 사단은 전투 경험이 풍부한 병력으로 구성되어 있었으며, 1944년 1월에 이 지역에 배치되었지만, 연합군 정보부는 그 사실을 전혀 눈치 채지 못했다. 이 병력들은 상륙지원 폭격과 포격으로 비교적 적은 피해를 입은 채 살아남아서 D-데이 오후까지 상륙군을 오마하 비치에서 나아가지 못하게 묶어두다가 마침내 약간 뒤로 물러섰다. 그날 저녁까지 오마하 비치의 미군은 어느 지점에서도 내륙으로 2,000미터 이상 나아가지 못했다.

영국 2군은 07:25시에 상륙을 시작했다. 영국군 상륙 해안의 서쪽 끝 '골드' 비치('Gold' Beach)를 담당한 상륙돌격부대는 231여단집단과 69여단집단으로 50(노섬벌랜드)사단 소속이었다. 여기에 기갑부대와 포병, 코만도 지원부대를 추가해 영국 30군단의 선봉부대를 구성했으며, 이들은 716고정사단의 736척탄병연대를 물리치고 내륙으로 크게 전진하는 데 성공했다. 남아 있는 두 상륙 해안은 모두 영국 1군단이 공격을 담당했지만, 50사단의 바로 동쪽 측면, '주노' 비치('Juno' Beach)에 상륙한 부대의 주력은 영국군이 아니었다. 그들은 7여단집단과 8여단집단으로 캐나다 3사단 예하의 부대였으며, 4특전여단 소속 코만도 연대의 지원을 받았다. '주노' 비치의 공격은 해변 앞에 있는 얕은 여울목 때문에 신중을 기하기 위해 10분 지연한 뒤 시작했다. 하지만 그 뒤에 이어진 736척탄병연대와 그들의 지원부대(독일 고정사단의 전형적인 형태에 따라, 716고정사단은 2개 보병연대로 구성되어 있었고, 각 연대는 2개 독일군 대대에 추가로 2개 동방대대를 가지고 있었다)를 상대로 한 격렬한 전투는 성공적이었다. 오후쯤에 50사단과 캐나다 3사단 모두 해안에 교두보를 확보했고, 여기에 같은 날 뒤를 이어 상륙한 7기갑사단('사막의 들쥐' 사단)의 선봉부대가 합류했다. 그들은 그들에게 부여된 D-데이 목표들을 6월 6일과 7일에 걸쳐 모두 달성했다. 연합군의 공격을 받는 상황에서, 316고정사단의 6개 대대는 약체화된 1개 대대 전력으로 감소했고, 총 인원 300명 이하의 통합된 전투 집단으로 전락했다.

연합군이 D-데이에 가장 큰 좌절을 겪은 곳은 동쪽 끝에 있는 상륙 해안 '소드' 비치('Sword' Beach)로, '소드' 비치는 오른 강 입구 바로 옆에 위치해 있었다. 영국 3사단의 8여단집단이 1특전여단 소속 코만도의 지원을 받으며 제일 먼저 이곳에 상륙했다. 최초 계획에 따르면, 3사단은 D-데이 당일 10마일(15킬로미터) 떨어진 캉 시를 점령할 수 있을 정도로 깊숙이 내륙으로 진격하기로 되어 있었다. 끈질긴 독일군의 저항과 함께 악천후로 인한 높은 파도 때문에, 사단은 전진할 수 없었고, 이들을 지원할 기갑 전력의 상당 부분은 제시간에 상륙할 수 없었다. 비록 이들이 영국 6공정사단과 연계하는 데 성공하기는 했지만, 3사단은 캉 시의 북쪽에서 716고정사단의 병력뿐만 아니라, 롬멜의 B집단군 예비부대의 일부인 21기갑사단의 전차와 보병도 만나게 되었다. 연합군 정보부는 이들이 노르망디 지역에 있다는 사실을 알고는 있었지만, 캉에 그렇게 가까이 있을 줄은 꿈에도 몰랐다. 3사단이 독일 기갑부대를 돌파해 캉을 점령하는 데 실패함으로써 차후 많은 일들이 벌어졌지만, 설사 캉을 점령하는 데 성공했다 하더라도 그것을 계속 유지할 능력을 가지고 있었는지는 의심스럽다.

결국 양쪽 모두 원하는 결과를 얻지 못했다. 독일 21기갑사단은 캉을 향한 영국군의 진격을 저지할 수 있었지만, '소드' 비치와 '주노' 비치 사이의 빈틈을 치고 들어올 수 있는 능력은 없었다. 결국 6월 7일, 영국 3사단과 캐나다 3사단이 연결에 성공하자, 그 빈틈마저 닫혀버렸다. 그와 함께 롬멜이 가장 중요하다고 믿었던 결정적인 반격의 기회도 사라져버린 것이다. 이 결과로

6월 6일 D-데이, '소드' 비치의 영국 3사단이 승선한 상륙정들. 이 항공사진에서 비정상적으로 높은 조수 때문에, 해변의 폭이 대단히 좁아져 있는 모습을 볼 수 있다. 몇몇 지점에서는 물가에서 해안도로까지 거리가 15미터에 불과했다. 연합군 폭격이 얼마나 심했는지는 아직도 연기를 내뿜고 있는 건물들이 여실히 보여주고 있다. 병력이 수송선에서 내려 상륙정을 타고 해변에 도착하기까지 3시간이나 걸리는 곳도 있었다.(대영제국 전쟁박물관 사진번호 CL25)

초래된 캉 전선의 교착 상태는 이어지는 두 달 동안 노르망디 전투의 양상을 결정지었다.

연합군이 상륙하자, 독일군은 너무 당황한 나머지 아무런 공조도 이루어지지 않았다. 그 이유는 그들의 복잡한 지휘체계 때문이었다. 롬멜 원수는 [1941년 북아프리카에서 '크루세이더' 작전(Operation 'Crusader')과 엘 알라메인(El Alamein) 전투가 시작될 때 이미 드러난 바 있듯이] 이미 유명해진 그의 능력을 발휘했다. 즉 결정적 순간에 제 위치에 있지 않았던 것이다. 6월 4일, 그는 사령부를 떠나 슈바벤(Schwaben)에 있는 집에서 아내의 생일을 즐기고 있었고, B집단군의 관리는 참모장에게 맡겨둔 상태였다. 7군 사령관인 돌만 상급대장은 전쟁연습에 참가하기 위해 렌(Rennes)에 가 있었고, 1친위기갑군단(12

6월 6일 D-데 이 07:50시, '소드' 비치의 상륙제1파 코만도 부대의 모습이다. 육군 준장인 로바트 경은 자신의 부하들과 나란히 바닷물을 헤치고 첫 번째 소드 비치 상륙지점에서 약간 더 동쪽에 있는 라 브레슈의 독일군 거점을 향해 진격했다. 로바트 경은 1특전여단 (Special Service Brigade: 독일군과 혼동되게도 이들을 SS 부대라고 부르는 영국인도 있었다)을 지휘했다. 사진 앞쪽에 카메라에 등을 보이고 있는 사람은 빌 밀린으로 로바트 경의 여단에 소속된 백파이프 연주자이다. 사진에도 그의 백파이프가 잘 나타나 있다.(대영제국 전쟁박물관 사진번호 B5103)

1특전여단 예하 6코만도연대의 통신대대가 6월 6일 D-데이에 해안으로 상륙하고 있다. 이들 코만도들은 철모보다는 녹색 베레모를 더 선호했다. 상완에는 연합작전의 부대표시를 부착하고 있다. 뒤에 있는 배경에 79기갑사단의 교량전차가 보인다. 톰슨 기관단총을 들고 있는 중사는 B. 맵핸 중사로 밝혀졌다. 신속하게 이동해야 하는 부대임에도 불구하고 이들 부대원들은 엄청난 무게의 장비와 보급품을 짊어져야 했다.(대영제국 전쟁박물관 사진번호 B5071)

1특전여단 6코만도연대 4중대) 소속 병력이 페가수스 다리에서 6공정사단의 병사들과 연계하는 데 성공했다. 페가수스 다리의 점령은 노르망디 전투에서 소규모 부대가 거둔 눈부신 전공 중의 하나이다. 이 작전의 성공으로 영국군의 측면을 보호하고, 독일군 21기갑사단의 전차들이 캉 운하와 오른 강을 건너지 못하게 막을 수 있었다. 또한 영국 3사단이 도시 동쪽의 평야지대로 진출할 수 있는 출구를 열어주었다. 사진 속의 두 낙하산병은 모두 스텐 기관단총으로 무장하고 상당히 많은 양의 탄약을 소지하고 있다.(대영제국 전쟁박물관 사진 번호 B5058)

친위기갑사단과 기갑교도사단)의 사령관인 '제프' 디트리히 친위대장도 브뤼셀 (Brussel)에 있었다. 그들 모두 황급히 자신의 사령부로 복귀했다.

　D-데이 새벽, 아직 첫 번째 연합군 지상병력이 해안에 도달하기 전에 서부전구 최고사령부의 폰 룬트슈테트 원수는 디트리히 친위대장 예하의 2개 기갑사단에게 노르망디 해안으로 이동하라는 명령을 내리고, 이 명령에 대한 국방군 총사령부의 허가를 요청함으로써 연합군의 침공에 대응했다. 허가는 바로 이루어지지 않았고, 두 사단은 히틀러가 16:00시에 마침내 부대 이동을 허가할 때까지 마냥 기다려야만 했다. 비록 이것을 두고 독일군 지휘관들 사이에 많은 비난이 일었지만, 설사 허가가 제때 났더라도 전투의 흐름에는 별반 영향을 주지 못했을지도 모른다. 노르망디 해안으로 이동했던 다른 독일군 부대와 마찬가지로, 두 기갑사단 역시 이동하다가 연합군 공군에게 심한 피해를 입거나 이동을 저지당했을 가능성이 높기 때문이다. 기갑교도사단은 리지외(Lisieux)에서 캉까지 90마일(140킬로미터)을 이동하는 동안 전차 5대와

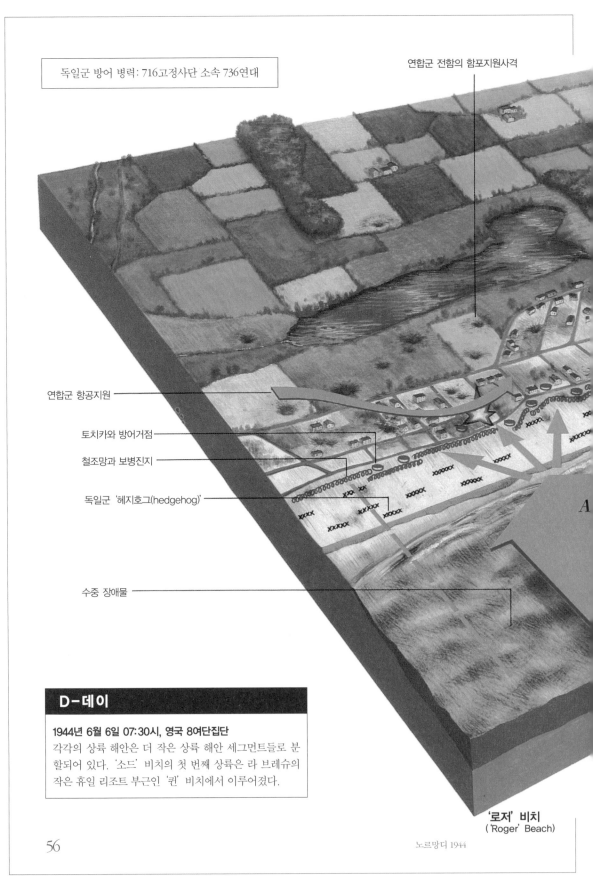

독일군 방어 병력: 716고정사단 소속 736연대

연합군 전함의 함포지원사격

연합군 항공지원

토치카와 방어거점

철조망과 보병진지

독일군 '헤지호그(hedgehog)'

수중 장애물

A

D-데이

1944년 6월 6일 07:30시, 영국 8여단집단

각각의 상륙 해안은 더 작은 상륙 해안 세그먼트들로 분할되어 있다. '소드' 비치의 첫 번째 상륙은 라 브레슈의 작은 휴일 리조트 부근인 '퀸' 비치에서 이루어졌다.

'로저' 비치
('Roger' Beach)

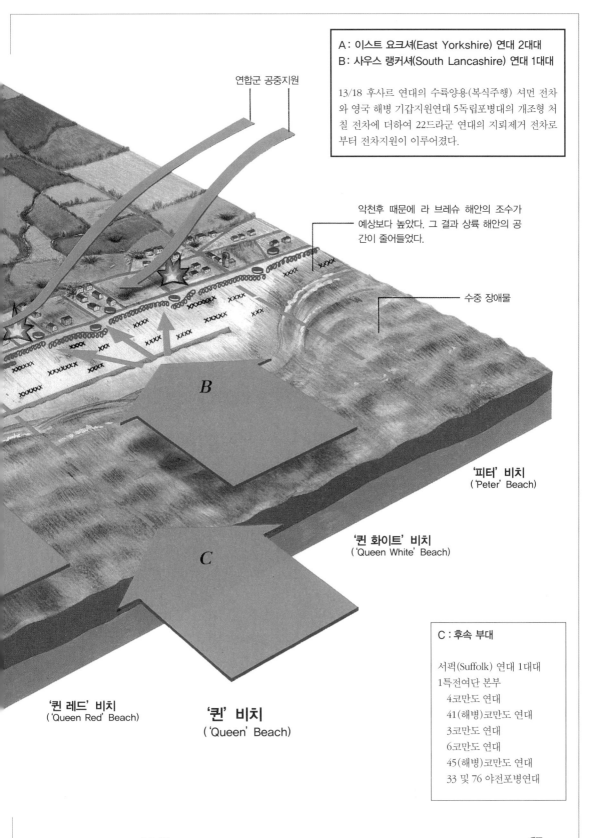

A : 이스트 요크셔(East Yorkshire) 연대 2대대
B : 사우스 랭커셔(South Lancashire) 연대 1대대

13/18 후사르 연대의 수륙양용(복식주행) 셔먼 전차와 영국 해병 기갑지원연대 5독립포병대의 개조형 처칠 전차에 더하여 22드라군 연대의 지뢰제거 전차로부터 전차지원이 이루어졌다.

연합군 공중지원

악천후 때문에 라 브레슈 해안의 조수가 예상보다 높았다. 그 결과 상륙 해안의 공간이 줄어들었다.

수중 장애물

B

'피터' 비치
('Peter' Beach)

'퀸 화이트' 비치
('Queen White' Beach)

C

'퀸 레드' 비치
('Queen Red' Beach)

'퀸' 비치
('Queen' Beach)

C : 후속 부대

서퍽(Suffolk) 연대 1대대
1특전여단 본부
　4코만도 연대
　41(해병)코만도 연대
　3코만도 연대
　6코만도 연대
　45(해병)코만도 연대
　33 및 76 야전포병연대

장갑차 84대, 차량 130대를 잃었다.

일단 침공을 확인한 뒤, 가이어 폰 슈베펜부르크의 서부전구 전차집단은 D-데이부터 작전에 들어갔고, 다음날에는 7군으로부터 비르 강에서 오른 강에 이르는 전선의 지휘권을 인수했다. 하지만 서부전구 기갑집단 사령부조차 파리에서 노르망디로 이동하는 동안 공습을 받아 보유한 무선통신 장비의 4분의 3을 잃었기 때문에, 6월 9일까지 제 기능을 할 수 없었다. 이틀 뒤에는 울트라 암호해독기가 무선통신문을 해독하여 그들의 정확한 위치가 알려지는 바람에 영국 공군으로부터 대규모 공습을 받았다. 가이어 폰 슈베펜부르크는 부상을 당했고 고위 장교들 대부분이 사망했기 때문에, 그의 사령부는 14일 동안 활동이 중단되었다. 따라서 영국에게 반격을 가하려던 계획은 취소할 수밖에 없었다.

이것이 노르망디 전투에서 독일군이 경험한 연합군 공습의 전형적인 모습이었다. 지상의 연합군 지휘관들이 '택시 주차장 시스템(cab ranks)'에 대기 중인 전술기를 호출할 수 있었다는 점과, 독일군이 노르망디에 도달하기 한참 전부터 독일군에 대한 저지 공격을 폄으로써 그들에게 입힌 피해는 노르망디 전투를 승리로 이끄는 데 중요한 역할을 했다. 6월 7일에 캐나다 3사단을 목표로 12친위기갑사단이 첫 번째 반격을 시도했다. 그 공격이 비록 캐나다 군을 방어태세로 돌아서게 만들었을 정도로 강력하기는 했지만, '히틀러유겐트'라는 이름의 이 사단은 전체 병력의 3분의 1만을 동원할 수 있었다. 나머지 병력은 도로에 발이 묶여 있었다. 1944년 6월 6일부터 8월 31일까지 연합군 공군은 노르망디에서 지상군 지원에 총 48만 317소티의 출격을 감행했다. 그 중 거의 절반은 영국 2전술공군과 미국 9공군에 의해 수행되었으며, 두 공군은 하루에 평균 3,000소티의 출격을 기록했다. 이와 대조적으로 독일의 3항공전단은 기껏해야 하루 평균 300소티의 출격만이 가능했고, 지상의 독일군이 우군 항공기를 한 대도 구경하지 못하고 지나가는 날이 더 많았다. 7월 17일, 10친위기갑사단은 '환희'에 차서 기록을 남겼다. 거의 구경도 못해

봤던 루프트바페의 출격으로 그들의 전선에 있던 연합군 포대가 20분 동안 침묵했던 것이다. 상륙작전 D-데이에 독일 공군이 어느 정도 의미 있는 지연 작전을 수행했다는 사례는 단 한 건도 없었고, 연합군은 노르망디 전투 기간 내내 실질적으로 우세한 제공권을 가지고 있었다.

│ 6월 7일~17일, 교두보 확보 │

롬멜은 비록 상륙 당일 연합군을 바다로 몰아내지는 못했지만, 고착 방어전을 펼쳐 가능한 땅을 적게 내주면서 연합군을 최초 상륙지점에 묶어두는 전략을 계속 실행했다. 이 전략은 그가 두려워할 정도로 강력한 연합군 공군의 위력을 감소시키고, 해안을 향한 기갑부대의 반격 가능성을 열어줄 수 있다는 두 가지 이점을 가지고 있었다. 6월 11일에 절대 후퇴를 해서는 안 된다는 히틀러의 지시가 내려지자, 롬멜은 이 문제에 관해 그가 가지고 있는 아주 작은 재량권조차도 행사할 수가 없었다.

노르망디의 전장 환경은 이런 종류의 방어전을 펼치는 데 유리한 여건을 제공했다. 연합군 상륙 지역 양쪽 측면에 있는 카랑탕(Carentan)과 카부르(Cabourg) 인근 강어귀의 평탄한 늪지대를 제외하면, 해변에서 내륙으로 들어오면 캉의 서쪽과 코탕탱 반도를 가로지르는 노르망디 전원지대는 농지로 둘러싸여 있었다. 이들 작은 농지들은 다시 토담과 그 위로 무성하게 자란 관목 숲으로 둘러싸여 있었고, 토담 밑에 움푹 꺼진 비좁은 통로들이 이리저리 이어지면서 군데군데 산재한 작은 마을들과 연결되어 있었다. 이들 마을의 농가는 대부분 중세시대에 외부 침입에 방어할 수 있게 지어졌다. 해안에서 내륙으로 50마일(80킬로미터)까지 펼쳐진 이런 식의 울타리로 형성된 체크무늬 지형은 이 지역에 '보카주(bocage)', 즉 '상자 지대'라는 이름을 선사했다.

보카주는 시계를 크게 제한했고, 기갑부대를 배치하고 통제하는 데 대단히 어려웠다. 게다가 바주카포와 판처파우스트와 같은 휴대용 대전차 화기로 근거리 공격을 할 때 기갑부대가 그대로 노출되었다. 또한 포병이나 항공 통

독일군이 행동을 주저하는 동안 연합군은 첫 번째 사단을 상륙시켰다. 사진 속의 병력은 미들섹스 연대 2대대 소속으로, 영국군 3사단의 기관총대대이다. 이들은 사우스 랭커셔 연대 1대대를 지원하기 위한 상륙제2파로, 이 사진은 D-데이 07:45시 '소드' 비치에 있는 그들의 모습을 담은 것이다. 모든 영국군 사단에는 비커스 중(中)기관총을 장비한 예비 기관총대대를 보유하고 있었다. 해안은 여전히 포화 속에 잠겨 있다는 사실에 주목하기 바란다.(대영제국 전쟁박물관 사진번호 B5114)

멀리서도 선명하게 보이는 보카주를 시작으로 해서 캉 인근에 있는 랑빌의 영국 6공정사단 강하지역을 담은 사진이다. 대부분의 글라이더들은 하역작업을 쉽게 하기 위해 동체를 분리하여 제작했기 때문에, 언뜻 보면 파괴된 것처럼 보인다. 캉 인근의 보카주는 미군이 생 로를 향해 진격하면서 경험한 울창한 산림에 비하면 개활지라고 할 수 있다.

제를 위한 전방 관측자가 자신의 현재 위치를 파악할 수 없는 경우가 비일비재했기 때문에, 화력 통제 능력도 심각하게 저하되었다(영국 포병단의 한 관측자가 이 문제를 해결하기 위해, 먼저 자기 위치라고 생각되는 지점에 포사격을 요청한 다음, 실제로 어디에 포탄이 떨어지는지를 확인하는 방법을 사용했을 정도이다). 무엇보다도 보카주 전투는 보병들을 쉽게 지치게 만들었다. 영국군에게 그것은 제1차 세계대전 때 서부전선의 참호를 연상케 했다. 미군에게 그것은 태평양의 밀림전투와 마찬가지였다. 영국에서 개활지 기동전 훈련을 받은 병력들은 재빨리 새로운 전술을 생각해내야 했다.

보카주는 바이외 남쪽 약 20마일(30킬로미터) 지점에서부터 갑자기 울창한 산림으로 덮인 산등성이와 절벽들이 나온다. 이런 고지대는 남쪽으로 30마일(50킬로미터) 더 이어지는데, 프랑스 사람들은 이곳이 스위스와 유사하다 하여, 이곳을 '스위스 노르망디'라고 불렀다. 이 지역의 지형적 핵심을 이루는 것은 몽 팽송(Mont Pinçon)으로, 몽 팽송은 캉에서 남서쪽으로 20마일(30킬로미터) 떨어진 높이 약 1,200피트(400미터)의 언덕이다. 스위스 노르망디의 북쪽 경계인 비르 강에는 생 로(St Lô)라는 작은 시골마을이 있었는데, 이곳을 점령해야만 미군이 노르망디 서부지역을 연결하는 도로망을 장악하는 열쇠를 쥘 수 있었다.

'오버로드' 상륙지역에 유일한 도시인 캉은 그 자체로 지역의 중심도시였고, 1944년 당시 인구가 약 5만 명이었다. 캉에서 남서쪽으로 5마일(8킬로미터) 정도 떨어진 곳에 완만하게 솟아오른 112고지(112미터)가 있었는데, 이 작은 언덕은 주변 지역을 완벽하게 감제할 수 있는 위치였기 때문에, 이곳에 있는 관측자의 눈에 띄지 않고 병력을 이동시킨다는 것은 불가능했다. 캉의 동쪽으로 2마일(3킬로미터) 정도 떨어져 있는 콜롱벨(Colombelles)의 우뚝 솟은 철 구조물은, 이 지역에 대한 또 하나의 주요 관측점을 제공했다. 하지만 캉의 바로 남쪽과 남동쪽은 낮은 관목으로 덮인 일련의 산등성이가 멀리 팔레즈 남쪽까지 펼쳐져 있었고, 그 중간 중간에 작은 마을과 농장이 자리를 잡았다. 캉 남동쪽 3마일(5킬로미터) 지점에 위치한 부르귀에뷔스 리지(Bourgébus Ridge)는 캉 전체를 내려다보고 있었다. 롬멜은 이곳이 기갑부대의 반격을 위한 최상의 장소라고 생각하고, 파리를 향한 영국군의 돌파를 저지하기 위해, 바로 이곳에 자신의 기갑 전력을 집중했다.

하지만 6월 7일 해질 무렵까지 연합군을 해안교두보에 고립시켰다가 바다로 내몰 수 있는 가능성은 급격히 희박해졌다. D-데이에 바다와 공중을 통해 노르망디를 밟은 15만 6,000명의 병력 중에서 사상자가 약 1만 명 정도 발생했는데, 이것은 거대한 공세작전치고는 피해가 상당히 적은 편에 속했다. 6월 7일 아침, 몽고메리 장군이 해안에 상륙해 21집단군 전술본부를 설치했다. 아이젠하워와 연합군 원정군 최고사령부 본부는 영국 남부지방에 남아 있었다. 결국 미군은 오마하 비치의 위기 상황을 극복하고, 골드 비치에서 진격해온 영국군과 연계하는 데 성공했다. 날이 저물 무렵, 영국군이 담당한 3개 상륙해안이 모두 연결되어 하나의 연속적인 전선을 형성했고, 이로써 바이외 마을은 해방이 되었다.

하지만 연합군이 달성하지 못한 목표들도 있었다. 특히, 독일군 21기갑사단과 12친위기갑사단의 저항에 직면했기 때문에, 캉을 점령하려는 연합군의 목표는 쉽게 달성할 수 없었다. 6월 7일 롬멜은 B집단군의 예비부대인 2기갑사단을 영국군 지역으로 이동시켰고, 폰 룬트슈테트 원수는 히틀러로부터 추가로 독일군 전투 서열에서 가장 강력한 2개 기갑사단을 캉으로 이동시켜도 좋다는 승인을 받았다. 그것은 바로 벨기에에 주둔 중이던 독일 국방군 총사령부 직속 예비부대인 1친위기갑사단 '라이프스탄다르테 아돌프 히틀러(Leibstandarte Adolf Hitler)'와 남프랑스 툴루즈(Toulouse)에 있는 G집단군 예하의 2친위기갑사단 '다스 라이히(Das Reich)'였다. '다스 라이히' 사단은 5일 안에 부대 이동을 완료할 예정이었다. 하지만 그들은 프랑스 레지스탕스의 사보타지와, 영국 공군특수연대(Special Air Service) 대원들이 제공한 정보를 근거로 한 연합군 항공기의 공습 때문에 이동하는 데만 17일이 걸렸다.

6월 8일까지 연속적인 연합군 전선에 연계하지 못한 상륙군은, 유타 비치의 미 7군단이었다. 이 지역의 전반적인 방어 임무는 독일 7군 예하 84군단이 담당하고 있었다. 비록 716고정사단과 352사단이 연합군의 주공을 받아 커다란 피해를 입었지만, 코탕탱 반도에 주둔 중인 84군단 예하의 3개 사단 중 2개 사단, 91공수사단과 709고정사단은 D-데이에 243고정사단의 지원을 받아 미국 공정사단의 측면으로 침투해올 수 있는 능력을 가지고 있었다. 사실 코탕탱 반도의 독일군은 노르망디 전투 기간 내내 연합군의 공습을 받았고, 이로 인해 고급 지휘관들이 죽거나 부상을 입어, 상당히 큰 어려움을 겪었다. 91공수사단장은 D-데이에 전쟁연습을 위해 렌에 갔다가 부대로 복귀하는 도중 미군 공정부대의 매복 공격을 받고 전사했다. 군단장인 마르크스 대장은 6월 12일 연합군 전폭기의 공습으로 사망했으며, 243고정사단 사단장은 16일 공습으로 사망했다.

미 7군단에게 가장 큰 문제는 독일 6낙하산연대(91공수사단에 배속되었지만, 독립부대로 활동했다)의 존재였는데, 그들은 코탕탱 반도의 기저와 카랑탕(Carentan)을 지키고 있었다. 유타 비치에서 출발한 미 101공정사단과 오마하 비치의 29사단의 공격은 두 교두보의 연계를 목표로 하여 6월 7일에 시작되었다. 하지만 경무장을 하고 있던 미국 공정사단은 독일 6낙하산연대의 강력한 저항에 부딪쳤고, 6월 10일 아침이 되어서야 두 사단의 전초부대가 연계에 성공하여 명목상 연속적인 전선을 형성할 수 있었다.

롬멜은 카랑탕 방어를 해안에 연합군을 못 박아두는 전략의 핵심으로 생각했다. 6월 7일, 그는 3낙하산사단과 77사단, 275사단으로 구성된 2낙하산군단에게 브르타뉴로부터 코탕탱 반도 서쪽으로 이동하라고 명령하여, 84군단의 전선을 연장하고 보강했다. 그들과 함께 독일 국방군 총사령부의 예비부대에서 캉의 방어에 투입되지 않고 남아 있던 유일한 정예 부대인 17친위기갑척탄병사단도 코탕탱 반도로 이동했다. 그러나 이 사단은 또 다시 연합군 공군의 공습과 프랑스 레지스탕스의 사보타지로 도착이 지연되었다. 선봉

아브랑슈에 있던 미 4기갑사단 8전차대대 B중대 3소대 소속 M4 전차.(스티븐 J. 잘로가의 삽화)

부대는 6월 11일 저녁에 카랑탕 남서부에 도착했다. 그날 밤, 보기 드물게 독일 공군이 출격해 카랑탕의 6낙하산연대에게 18톤의 탄약을 공수했다. 그러나 그것만으로는 충분하지 않았다. 포병과 해군 함포의 대규모 화력 지원을 받으며 밤새워 계속된 미 101공정사단의 공격으로 6월 12일 새벽에 카랑탕을 함락했다. 그날 오전에 17친위기갑척탄병사단의 반격은 유타 비치로부터 더 많은 미군이 도착하여 물리쳤다. 해안으로부터 내륙에 이르는 연합군의 전선은 이제 하나로 연결되었으며 견고해졌다.

동시에, 6월 12일 미 5군단은 생 로를 목표로 하여 오마하 비치로부터 내륙을 향한 진격을 개시했다. 같은 날 미 19군단 편성되었고, 3일 뒤에는 8군단이 작전을 시작했다. 하지만 브래들리 장군 휘하의 미 1군은 아직 보카주에서 독일군 저항을 물리칠 수 있을 만큼 강력한 전력을 갖추지 못했다. 그때까

미군 보병.(마크 일리의 삽화)

지 미루었던 29사단의 공세는 6월 15일에 시작
되어, 3일간의 전투 끝에 생 로 5마일(8킬로미터)
까지 접근한 뒤에 저지되었다.

미군이 교두보를 확장하는 일에 몰두하고 있
는 동안, 뎀프시 장군의 영국 2군은 캉을 방어하
는 독일군의 약점을 탐색하고 있었다. 영국 30군
단은 오마하 비치의 미 1사단에 밀려난 독일 352
고정사단과 캉을 방어하는 기갑사단들의 서쪽
끝을 담당하는 기갑교도사단 사이의 틈을 이용
하려는 작전을 시도했다. 6월 12일 작전은 순조
롭게 시작되었다. 영국 30군단의 선봉부대인 7
기갑사단이 독일군 기갑교도사단의 서쪽 측면을
우회하여 독일군 방어선의 틈을 지나, 다음날 아
침 빌레르 보카주(Villers Bocage)에 있는 중요한
철도 교차점에 도달했는데, 그곳은 캉에서 남서
쪽으로 대략 15마일(25킬로미터) 떨어져 있었다.
그 다음 7기갑사단의 선두 전차들은 차례로 501
친위중전차대대(1친위기갑군단의 예비부대)의 티
거 전차 5대와 남쪽에서 도착한 2기갑사단, 그리
고 동쪽에서 도착한 기갑교도사단의 공격을 당
했다. 빌레르 보카주에서 벌어진 유명한 전차전
에서 영국군의 선두 전차연대는 독일 친위대위

미하엘 비트만(Michael Wittmann)이 이끄는 티거 전차 5대를 공격하다가 크롬
웰 전차 20대를 잃었다. 비트만은 불과 5분 만에 적어도 영국군 전차 10대를
격파했다. 6월 14일, 영국 50사단은 독일 기갑교도사단을 정면에서 공격해
고립된 7기갑사단이 있는 곳에 이르려고 시도했으나 실패로 끝났고, 미 1사

단의 포병은 영국 기갑사단이 독일 2기갑사단과 기갑교도사단 사이에 갇히지 않도록 지원사격을 가해 간신히 독일군을 물러서게 했다. 그날 저녁 7기갑사단은 빌레르 보카주로부터 5마일(8킬로미터)을 퇴각하여 좀더 안전한 지역으로 물러섰다.

격렬한 논쟁거리가 된 빌레르 보카주의 미숙한 작전 때문에, 영국 2군은 6월이 끝나기 전에 캉을 점령할 수 있는 가장 좋은 기회를 잃었다. 동시에 미군이 생 로를 점령하는 데 실패함으로써, 연합군의 전진은 잠시 소강상태를 맞게 되었다. 연합군은 6월 14일에 코탕탱 반도를 가로질러 서쪽으로 향하는, '번갯불 조' 콜린스('Lightning Joe' Collins) 장군 휘하에 있는 미 7군단의 공격만이 유일하게 성공을 거두었다. 9사단과 82공정사단을 앞세운 미군이 6월 17일에 바른빌(Barnville)에서 코탕탱 반도의 서쪽 측면에 도달하자, 독일 243 고정사단과 77사단, 709고정사단은 반도의 북부에 고립되었다. 히틀러는 롬멜을 무시하고 이들 사단에게 남쪽으로 후퇴하거나 셰르부르(Cherbourg)로 물러서지 말고 제 위치를 사수하라는 명령을 내렸다. 그 결과, 미 7군단이 코탕탱 반도 북쪽으로 밀고 올라가자, 이 사단들은 완전히 붕괴되어버렸다. 동시에 미 3군의 예하에 들어가기로 되어 있던 트로이 미들턴(Troy Middleton)의 미 8군단이 코탕탱 반도의 남쪽을 바라보는 전선을 인수했다.

| 6월 18일~24일, 내륙 침투 단계 |

미 7군단의 성공 덕분에 21집단군은 처음으로 남쪽에서만 독일군을 상대하게 되었다. 캉 인근의 동쪽 측면에서는 영국 2군이 2개 기갑사단, 5개 보병사단, 1개 공수사단을 거느리고 독일군 서부전구 전차집단을 상대하고 있었는데, 서부전구 전차집단은 4개 기갑사단과 1개 고정사단으로 구성되어 있었다(여기에 81군단 예하의 고정사단이 하나 더 있었는데, 그들은 오른 강 동쪽의 15군 구역의 방어를 담당했다). 서쪽 측면에서는 미 1군이 1개 기갑사단과 8개 보병사단, 2개 공수사단을 거느리고 독일 7군의 1개 기갑사단과 6개 보병사단, 그리고 1

개 낙하산사단과 1개 공수사단, 1개 고정사단에 맞섰다. 사단의 수만 따졌을 때 미군이 독일군보다 좀더 우위에 있는 것으로 나타났다. 영국군은 그보다 약간 더 유리했지만, 독일군은 기갑 전력을 집중시켜 그것을 만회하려 했다.

연합군의 수적 우위는 아직 전선을 결정적으로 돌파해나갈 수 있을 정도로 크지 않았지만, 모든 상황이 완벽하게 몽고메리의 계획대로 전개되지 않더라도 결국 그가 승리하게 될 것이라는 사실에는 의문의 여지가 없었다. 6월 17일까지 노르망디에는 병력 55만 7,000명과 차량 8만 1,000대, 보급품 18만 3,000톤이 해안에 상륙했다. 매일 새로 도착하는 병력의 수는 그들이 대신해야 하는 사상자의 수를 초과했고, 비록 국지적인 어려움이 따르기는 했지만, 연료나 탄약, 보급물자가 부족해지는 상황은 결코 발생하지 않았다.

반면, 독일군은 해안 가까이에 그들의 전선을 고수하기 위해 커다란 대가를 지불해야 했다. 7군은 물론 서부전구 기갑집단에서도 보병연대들이 교체할 수 있는 한계를 넘어서는 병력 피해를 입고 있었다. 보병의 수가 부족해지자, 기갑사단의 전차들이 최전선 방어에 동원되어 장갑 토치카 역할을 수행해야 했다. 롬멜의 사단은 연합군의 포병과 공군의 공격을 받아 점점 전투단 규모로 축소되어갔다. 6월 세 번째 주가 됐을 때, 1친위기갑군단(기갑교도사단, 12친위기갑사단, 21기갑사단, 716고정사단, 101중전차대대)은 불과 4호 전차 129대와 판터 전차 46대만 가동이 가능했고, 남아 있는 모든 티거 전차들은 수리를 받아야만 하는 상태였다. 독일군 전선의 최우익을 담당한 346고정사단의 대대는 인원이 140~240명 규모로 줄어들었으며, 미군에 맞선 3개 보병사단 또한 거의 비슷한 수준의 피해를 입었다. B집단군 전체로 봤을 때, 2만 6,000명의 사상자가 발생했는데, 전사자 속에는 군단장 1명과 사단장 5명이 포함되어 있었다. 영국과 미국의 일부 부대도 전투를 치르면서 비슷한 수준의 피해를 입었다. 경무장한 미 82공정사단은 D-데이 하루에만 1,259명의 사상자가 발생했고, 7월 초 후방으로 교대될 때까지 전체 병력의 40퍼센트에 해당하는 피해를 입었다. 그러나 양측의 차이는, 연합군은 피해를 입은 사

노스 아메리칸 P-51B-5-NT 무스탕 전투기. 미 8공군 8전투기 사령부 66전투비행단 35전투기연대 362전투기 대대 소속, 기체번호 43- 23823.(마이클 로페의 삽화)

단을 철수시키고 그들이 입은 손실을 보충할 수 있었던 반면에, 독일군은 그 어떠한 것도 불가능했다는 것이다.

연합군의 공습으로 B집단군의 보급품과 연료, 탄약 비축물자도 고갈되기 시작했으며, 노르망디 지역의 철도는 90퍼센트가 마비되었다. 도로 운송체계 역시 지속적인 공습에 시달렸다. 독일 기갑사단들이 노르망디에 도착할 당시, 공습에 의해 약체화된 상태였고, 노르망디로 오는 도중에 연료 부족으로 중간에 멈춰야 했기 때문에 도착이 지연될 수밖에 없었다. 노르망디 전투가 시작되고 10일 동안, 7군은 B집단군으로부터 소요량의 4분의 1에 해당하는 연료와 5분의 3에 해당하는 탄약을 받았으며, 부족분은 각 지역에 비축되어 있던 물자로 충당해야만 했다.

6월 16일, 히틀러는 새로운 명령을 내렸다. 이 명령이 의도하는 바는 15군 의 전력을 그대로 유지하면서 노르망디에 있는 독일군을 증원하는 것이었다. 15군은 존재하지도 않는 미 1집단군의 침공을 경계하고 있었다. 이미 노르망디로 이동 명령을 받은 1친위기갑사단과 2친위기갑사단에 더하여, 히틀러는 동부전선으로부터 2친위기갑군단(9친위기갑사단과 10친위기갑사단)을 차출해 왔다. 프랑스 남서부의 1군에서는 84군단(2개 사단)이 북쪽으로 이동 명령을

받았다. 여기에 덧붙여, 기갑교도사단과 2기갑사단, 12친위기갑사단은 전선에서 물러나 예비대가 되었고, 그들이 물러선 자리는 15군과 19군의 보병사단들이 맡았다. 스칸디나비아 반도에서 이동해온 병력이 15군에서 빠져나간 사단의 자리를 메우면서 이 군은 결국 이전보다 더 강한 전력을 갖게 되었다. 이런 조치의 결과로 노르망디에서 독일군은 반격작전을 위해 모두 7개 기갑사단을 예비로 확보하면서 현 전선을 당분간 그대로 유지할 수 있게 되었다.

라스텐부르크에 있는 히틀러의 지휘소에서 볼 때, 이것은 상당히 이치에 맞는 계획이었다. 하지만 롬멜과 폰 룬트슈테트는 지난 두 주간의 경험으로 어떤 사단이든 노르망디로 이동 명령을 받으면 보급물자가 부족하여 약체화된 채 늦게 도착하게 될 것이고 연합군의 공격으로 순식간에 병력을 잃게 될 것이라는 사실을 잘 알고 있었다. 두 사령관이 이의를 제기해오자, 히틀러가 몸소 그들을 만나기 위해 6월 17일에 비행기를 타고 수아송(Soissons) 인근 지역으로 갔다. 그러나 그는 자기 구역 내에 있는 부대에 대한 통제권과 필요할 경우 후퇴를 명령할 수 있는 권한을 달라는 그들의 요청을 거부했다. 그 뒤에 그는 곧바로 다시 600마일(950킬로미터)을 비행해 라스텐부르크로 돌아와서는, 노르망디 전장은 단 한 차례도 방문하지 않은 채 계속해서 자신의 본부에 있는 지도만 보고 전쟁을 지휘했다. 이와는 대조적으로, 아이젠하워 장군은 노르망디 전투 기간 동안 몽고메리와 브래들리, 뎀프시의 사령부로 여러 차례 그들을 방문했지만, 그들의 전투 수행에 대해 결코 간섭하려 들지 않았다. 윈스턴 처칠은 6월 12일에 해안교두보를 단지 옵서버 자격으로 한 번 방문했을 뿐이다.

미 12집단군이 현역화되고 아이젠하워가 몽고메리로부터 지상전의 작전권을 인수할 때까지, 연합군 원정군 최고사령부의 참모진은 전세를 관찰하며 걱정하는 것 이외에 할 일이 별로 없었다. 테더 공군 대장은 아이젠하워의 부사령관이자 연합군 원정군 최고사령부의 공군 최고 선임자로서, 캉 점령의 실패로 캉과 팔레즈에 걸쳐 있는 평야지대를 자신의 항공기를 위한 기지로 삼지 못한 데 강한 불만을 표시했다. 노르망디 교두보에는 2전술공군의 1개 83비행연대만 들어갈 수 있는 공간이 있을 뿐이었고, 레이-말로리의 나머지 비행기는 영국 남부에 그대로 발이 묶여 있었다.

6월 13일, 최초의 V-1 로켓이 파 드 칼레에 있는 발사대로부터 런던과 영국 남부지방에 떨어지기 시작하자, 영국군은 전진을 개시해 프랑스에 있는 이들 V-1 로켓 발사장을 그들의 지상군과 공군의 사정거리 안에 두는 일이 더욱 시급한 문제가 되었다. 게다가 승리를 위한 연합군 작전계획의 성공 여부는 독일군보다 더 빨리 노르망디 지역에 전력을 집중할 수 있느냐에 달려 있었다. D-데이에 상륙작전이 정확하게 계획한 대로 집행되지 않았기 때문에, 전체 상륙 일정이 이틀 지연되었고, 미군의 3개 연대전투단과 2개 기갑여단집단에 해당하는 병력이 상륙을 하지 못하고 있었다. 캉 점령에 실패했다는 사실까지 고려했을 때, 전황은 6월 14일 테더와 커닝햄이 예하 공군 지휘관들에게 현재 심각한 위기가 발생하고 있다고 통보할 정도였다. 심지어 몽

'거대한 폭풍'이 남긴 흔적. 생 로랑에 있던 미군 멀베리의 잔해 중 일부로 1944년 6월 24일에 촬영했다. 폭풍 때문에, 미군은 자기 구역에 멀베리 항구를 건설하는 계획을 포기 했지만, 화물 하역 작업을 중단하지 않고 구스베리 폐색선의 풍하 쪽에서 상륙정을 이용해 화물을 양육했다.(대영제국 전쟁박물관 사진번호 B6100)

고메리조차 작전의 진행이 둔화되었다고 생각하고 그것을 다시 촉진시키는 방안을 곰곰이 생각할 정도였다.

세르부르도 아직 점령하지 못한 상황에서, 연합군의 모든 군수물자는 미 1군의 경우에는 생 로랑에, 영국 2군의 경우에는 아로망슈에 부분적으로 완공된 멀베리 항구를 통해 보급되었다. 6월 19일, 기상이 악화되어 영국 해협에 4일간에 걸쳐 극심한 강풍이 몰아쳤다. 이 강풍은 연합군의 두 멀베리 항구에 상당한 피해를 입혀 적어도 700척에 이르는 함정을 좌초시켰다. 이때 연합군의 1일 하역량은 인원 3만 4,712명에서 9,847명으로, 차량 5,894대에서 2,426대로, 물자 2만 4,974톤에서 7,350톤으로 대략 3분의 2 정도 감소했다. 미군의 멀베리 항구는 미군이 그것을 완전히 포기할 정도로 심하게 파손되었다. 6월 말에 가서야 영국군의 멀베리 항구와 해안을 통한 물자 하역이 다시 계획한 수준으로 회복되었다.

4일간이나 몰아친 '거대한 폭풍(The Great Storm : 영국인들이 바다에서 부는 강풍에 붙인 이름)' 때문에 연합군 6개 사단은 상륙할 수가 없었고, 이로 인해 상륙 일정은 1주일이나 지연되었다. 이것은 그 주에 계획했던 연합군의 전선

노르망디 전투

돌파를 한 달이나 지체하게 만들었고, 이로 인해 한 달 뒤에 연합군 스스로는 노르망디 작전에 실패했다고 생각했다. 강풍이 부는 동안, 연합군의 항공기들도 지상에 발이 묶여 모든 공세작전을 수행할 수 없었다. 독일군이 할 수 있었다면, 바로 이때가 그들이 반격할 수 있는 최적기였다. 6월 20일, 독일 국방군 총사령부는 영국군과 미국군의 경계선을 공격하고 바이외를 향해 반격을 감행하기 위해서 폰 룬트슈테트에게 6개 기갑사단의 공격 계획을 작성해 보고하라고 명령을 내렸다. 명령서에 명시된 사단 중 3개 사단은 아직 도착도 하지 못했고, 2개 사단은 캉 인근 전선을 방어하고 있었다. 롬멜과 룬트슈테트가 할 수 있는 일은 그저 연합군의 다음 공격을 기다리는 것이 전부였다. 이 시점부터 독일군의 고위 지휘관들은 자신이 가망성 없는 전투를 수행하고 있으며, 실제로 전쟁에 승리할 가능성이 희박하다고 생각하기 시작했다.

│ 6월 25일~7월 10일, 돌파 │

6월 18일, 몽고메리는 6월 23일까지 미군은 셰르부르를, 영국군은 캉을 점령하라는 명령을 하달했다. 그러나 악천후로 두 작전은 모두 지연되었다. 미군의 측면인 셰르부르 요새는 6월 26일에, 항구는 그 다음날에 미 7군단에게 함락되었다. 하지만 7월 1일이 되어서야 코탕탱 반도의 모든 저항이 종식되었다. 연합군은 셰르부르 항구에서 4주 동안 14만 톤의 물자를 하역할 수 있을 것으로 기대했지만, 독일군이 항구시설을 너무나 철저하게 파괴했기 때문에, 9월 말이 될 때까지 항구의 최대 하역량은 기대에 미치지 못했다.

영국군은 서쪽으로부터 캉을 포위하려는 또 다른 공격을 시도했고, 그곳에서는 47기갑군단이 2기갑사단과 기갑교도사단의 잔여 전투단을 지휘하고 있었다. 영국군은 암호명 '엡섬' 작전(Operation 'Epsom')으로 오코너 중장의 8군단이 기갑교도사단과 12친위기갑사단의 연결부를 돌파하려 했다. 12친위기갑사단은 1친위기갑군단의 서쪽 끝에 있는 사단으로, 캉을 방어했다. 일단 돌파에 성공하면, 오코너의 부대는 동쪽으로 선회하여 보카주를 통해 오동

강(River Odon)을 건넌 다음, 112고지를 점령하기로 되어 있었다. 6월 25일, 30군단의 조공인 '던트리스' 작전(Operation 'Dauntless')을 통해 8군단의 전진로에서 서쪽 측면을 확보하면, 엡섬 작전은 다음날 개시할 예정이었다.

대포 700문 이상을 동원한 포격이 끝나자, 오코너의 선두부대인 15(스코틀랜드)사단이 12친위기갑사단의 방어선을 돌파했으며, 11기갑사단이 그 뒤를 따랐다. 보카주에 들어서자, 8군단은 하루 평균 200미터를 약간 웃도는 진격 속도밖에 내지 못했다. 악천후로 영국 남부로부터 어떤 항공기도 날아오지 않았고, 노르망디에 있는 83비행연대로부터 제한적인 항공지원만 받을 수 있었다. 하지만 12친위기갑사단을 증원하기 위해 1친위기갑사단이 도착한 다음날인 6월 29일, 영국군 11기갑사단은 112고지의 북쪽 경사면까지 밀고 나갔다.

이에 대한 대응으로, 7군의 돌만 상급대장은 새롭게 도착한 2친위기갑군단을 포기해야만 했고, 이 병력은 영국군을 저지하는 데 동원되었다. 6월 29

15(스코틀랜드)사단의 고든 하이랜더(Gordon Highlander) 연대 2대대 장병들이(지프의 정면에 선명한 부대 마크를 주목하기 바란다) 6월 27일 엡섬 작전에서 전진하기 위해 대기 중이다. 오른쪽에 보이는 전차는 79기갑사단 소속 셔먼 도리깨 전차로, 도리깨를 바로 휘두를 수 있도록 포탑을 뒤로 돌려 놓았다. 이 전차는 부대 전진로에 매설된 지뢰를 제거하는 데 사용했다.(대영제국 전쟁박물관 사진번호 B6013)

일 늦게, 47기갑군단과 1친위기갑군단 사이에 전선을 형성한 2개 무장친위대 기갑사단은 오코너의 남쪽 측면을 위협했다. 그날 저녁, 뎀프시 장군과 상황을 의논한 뒤, 오코너는 11기갑사단에게 112고지에서 물러나 방어 태세를 갖추도록 명령했다. 실제로, 기상이 호전되면서 연합군 항공기로부터 심한 공격을 받은 2친위기갑군단은 7월 1일까지 반격에 나설 수 없었고, 또 보카주 안에서 더 이상 진격할 수 없었기 때문에, 영국군은 '엡섬' 작전 중에 점령한 땅을 그대로 확보할 수가 있었다. 영국 8군단은 약 4,000명의 피해를 입은 뒤에, 고작 깊이 5마일(8킬로미터), 폭 2마일(3킬로미터)의 돌출부를 형성하는 성과만을 거둘 수 있었다. 이 공격으로 독일군 2개 기갑사단이 추가로 캉의 방어에 나섰지만, 도시 자체가 연합군 전선 쪽으로 삐져나와 있었기 때문에 더 이상 방어하기가 어려웠다.

6월 30일이 되자, 노르망디에 상륙한 연합군은 병력이 87만 5,000명, 차량이 15만 대, 보급품이 57만 톤으로 불어났다. 영국 2군은 3개 기갑사단과 10개 보병사단, 1개 공정사단을 상륙시켰고, 한편으로 미 1군은 2개 기갑사단과

9개 보병사단, 2개 공정사단을 확보했다. 이들 중, 영국군 4개 사단과 미군 5개 사단은 D-데이 이래로 전투에 계속 참가하고 있었다. 미군은 3만 7,034명의 사상자를 냈고, 영국군은 2만 4,698명의 사상자를 냈지만, 양군이 통틀어 7만 9,000명의 보충병을 받았다.

이에 대응하여, 독일군은 파 드 칼레에서 침공을 기다리고 있는 15군의 25만 병력을 제외하고 대략 40만 명의 병력으로 전투를 시작했다. 7월 7일이 되자, B집단군은 8만 783명의 사상자를 냈고, 대략 4,000명의 보충병을 받았다. 캉을 방어하는 서부전구 기갑집단은 7개 기갑사단과 4개 보병사단, 1개 공군지상사단으로 구성되어 있었으며, 전차 725대를 보유했다. 여기에 더하여, 3개 독립로켓포여단의 다연장로켓발사대와 3방공포군단의 대전차포가 모두 영국군 구역에 집중되어 있었다. 7군은 1개 기갑사단과 3개 보병사단, 1개 공수사단, 1개 낙하산사단을 전선에 배치하고 예비로 2개 기갑사단을 보유했다. 두 사단을 모두 합쳐 전차는 140대를 넘지 않았다.

이와 같은 전력의 우세에도 불구하고, 많은 연합군 지휘관들은 더 많은 지역을 점령하지 못해서 크게 걱정하고 있었다. 7월 초까지 그들은 알랑송(Alençon)과 렌, 생 말로(St Malo)를 해방시킬 수 있을 것으로 기대했지만, 연합군은 어디에서도 내륙으로 15마일(25킬로미터) 이상 진출하지 못했다. 이는 몽고메리가 작전계획에서 설정한 진출 목표의 5분의 1에 불과했다. 크레러 장군의 캐나다 1군과 패튼 장군의 미 3군이 이미 노르망디 해안에 상륙해 있었다. 하지만 이미 포화상태인 해안가에 2개 군을 추가로 배치할 수 있는 공간은 남아 있지 않았다.

미 12집단군이 현역화되지 않으면 몽고메리가 계속 지상전 지휘를 맡아야 했다. 미군은 아직 영국을 출발하지도 않은 사단이 9개나 더 있었다. 남프랑스에 상륙하도록 예정되어 있는 미군 부대까지 고려하면, 총 48개 사단이 유럽 전역에 합류하기 위해 대기 중이었고, 거기에는 13개 기갑사단이 포함되어 있었다.

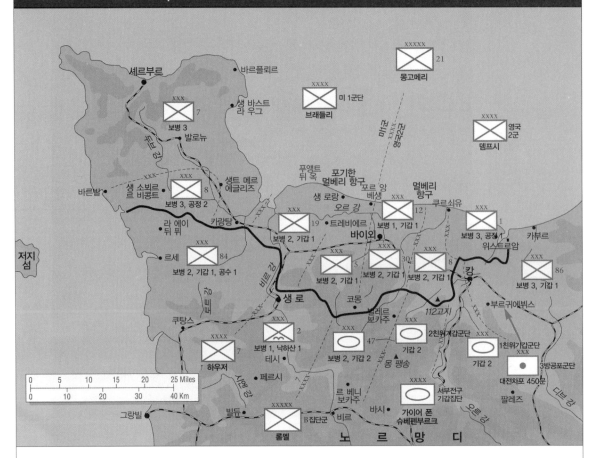

이와는 대조적으로, 영국군은 점차 병력이 고갈되어가고 있었다. 특히 보병의 부족은 심각했다. 영국군이 노르망디 전투에 동원하기로 되어 있는 3개 기갑사단은 모두 상륙을 완료한 상태였다. 영국에는 6개 캐나다와 영국 사단만이 대기 중이었고, 그 중 2개가 기갑사단이었다. 얼마 지나지 않아, 영국 2군은 병력 보충 속도가 병력 손실 속도를 따라가지 못하는 상황이 되었다. 몽고메리는 계획적으로 독일군 주력을 전력이 약한 자신의 2개 군으로 끌어들였고, 보카주 전투로 보병의 손실이 심각했기 때문에, 영국 2군은 작전을 수행하는 데 심각한 지장이 생기기 직전이었다.

이전부터, 연합군의 공군 수뇌부는 현 상황에 전혀 만족하지 못했다. 자기편 지상군의 기갑부대와 보병들이 독일군에 비해 질적으로 열세라는 사실을

미 2사단 소속 보병들이 오마하 비치로부터 내륙으로 행군 중이다. 그들의 부대 마크가 선명하게 보인다. 6월 7일쯤으로 생각되는 이 사진에서, 그들은 독일군의 강력한 거점을 지나고 있다. 이 지역은 상륙전 당일에 미군에게 상당한 어려움을 안겨주었던 곳이다. 같은 소대 내에서조차도 옅은 올리브 색과 짙은 올리브 색의 군복이 선명하게 대조를 이루고 있다. 처음에는 이들이 독일군의 최정에 부대에 크게 못 미쳤지만, 미국 보병 예비전력은 노르망디 전투를 승리로 이끄는 데 핵심적인 역할을 했다.(대영제국 전쟁박물관 사진번호 EA25902)

캐나다 공군 소속 J. G. 에디슨(Edison) 소령은 선임항공통제관으로서, 1944년 7월 노르망디의 비행장에 착륙하는 첫 번째 전폭기들을 통제하는 임무를 수행했다. 그의 지휘차량 작업대 위에는 신호권총과 조명탄이 놓여 있다. 캐나다 공군은 83비행연대의 절반에 가까운 비행대대를 제공했다. 오스트레일리아·뉴질랜드·폴란드·체코·프랑스·노르웨이 소속 비행대대들도 노르망디 전투에 참가했다.(대영제국 전쟁박물관 사진번호 CL94)

7월 초, 영국 공군과 캐나다 공군 소속 타이푼 전투기(비행대대 미상)가 노르망디의 임시 활주로를 이륙하는 장면을 촬영한 사진이다. 날개 밑에 각각 4발의 로켓이 달려 있다. 날개의 흰색과 검은색 '침공군 줄무늬'는 노르망디 전투에 참가한 모든 비행기들에 똑같이 있었는데, 이것은 일종의 적아식별 표시였다. 이 줄무늬의 유무는 특정 사진이 노르망디 전투에서 찍은 것인지, 아닌지를 판단하는 근거가 되고 있다.(대영제국 전쟁박물관 사진번호 CL147)

전투 기간 동안 노르망디의 기상은 찌는 듯한 여름 무더위와 폭우 사이에서 극심한 변화를 보였다. 그 결과, 양측은 모두 흙먼지가 아니면 진창 속에서 전투를 치러야 했다. 이 사진은 7월 3일 엡섬 작전으로 형성된 돌출부의 영국 8군단 구역에서 촬영했다. 지프의 캔버스 후드에 그려진 표시는 영국군에게 지급된 모든 미제 차량들과 마찬가지로 운전석이 왼쪽에 있다는 표시이다.(대영제국 전쟁박물관 사진번호 B6321).

영국 공군 폭격기 사령부 소속 핸들리 페이지 핼리팩스(Handley Page Halifax) 폭격기가 7월 7일 '찬우드' 작전을 지원하는 폭격 임무 중 캉 상공을 지나고 있다. 21:50시(영국의 더블 서머타임)인데도 여전히 주위가 밝다. 지상에서 치솟아 오르는 연기는 대형 폭격기를 이런 식으로 사용했을 때 목표물 조준의 정확도가 제한될 수밖에 없다는 것을 보여준다.(대영제국 전쟁박물관 사진번호 CL347)

전혀 이해하지 못했기 때문에, 그들은 전 전선에 걸친 총공격을 주저하고 있는 몽고메리를 심하게 비판했다. 공군이 더 많은 항공지원을 제공하면 할수록, 오히려 지상군은 점점 더 크게 전진의 의지를 상실해가는 것처럼 보였다. 실제로, 6월 30일, 몽고메리는 새로운 명령에서 독일군을 영국 2군 정면으로 끌어들이고 아군의 어떤 약점도 노출시키지 않는 작전 의도를 다시 한 번 강조했다. 7월 5일이 되자, 공군 83비행연대가 미 9공군의 비행대대 절반에 해당하는 전력을 이끌고 노르망디에 도착했지만, 나머지 절반은 아직도 해협을 건너올 수 없었다. 테더와 레이-말로리는 자신의 전폭기 조종사들에게 27개 비행장을 약속했지만, 불과 19개만을 사용할 수 있었다. 전부 10~15개 비행대대의 노르망디 이동이 예정보다 지연되었다. 해안교두보가 너무 협소해서, 독일군 포탄이나 공중 충돌의 위험을 피해 이착륙을 할 수 있는 공간을 찾기가 점점 더 어려워졌다.

7월 첫째 주가 되자, 미 1군과 연합군 원정군 최고사령부에는 교착상태에 빠진 전선에 대한 공포감이 조성되기 시작했다. 브래들리는 나머지 미군 부대가 생 로 전면에서 5군단과 나란히 전선을 형성하도록 남쪽으로 공세를 개시했지만, 전진 속도가 둔화되자 비관적인 분위기에 휩싸였다. 이 공격은 7월 3일에 8군단(매우 약화된 82공정사단까지 포함하여)이 코탕탱 반도의 서쪽 해안을 따라 진격하면서 시작되었다. 7군단은 하루 뒤에, 19군단은 7월 7일 합류했고, 이들은 동쪽으로 공세를 확대시켜나갔다. 비록 보카주 지형 때문에 미군은 독일 84군단을 상대로 하루 평균 2,000야드(1,800미터) 정도밖에 전진하지 못했지만, 어떤 경우에는 그래도 간신히 독일군의 주방어선에 도달하기도 했다. 7월 11일이 되자, 공세는 약해졌다. 앞으로 전개될 전투 상황을 낙관적으로 전망한 사람은 몽고메리뿐이었다.

한편, 독일군 고위 지휘관들 역시 비관적인 분위기에 휩싸였고, 기본적인 복종심마저 사라질 정도였다. 그 중 극단적인 일을 저지른 사람은 7군 사령관 돌만 상급대장이었다. 그는 엡섬 작전이 진행 중이던 6월 28일 자살을 했고, 그 자리는 2친위기갑군단의 파울 하우저 친위대장이 대신했다. 중요한 순간에 롬멜은 다시 한 번 자리를 이탈해야 했다. 그와 폰 룬트슈테트는 라스텐부르크로 히틀러를 방문해 다시 한 번 아무런 결론도 없는 회의를 가졌다. 그들이 프랑스로 돌아오고 있을 때, 가이어 폰 슈베펜부르크는 보고서를 룬트슈테트에게 제출했다. 롬멜과 하우저도 찬성한 보고서의 내용은 탄력적 방어의 중요성을 고려해 전선을 어느 정도 후퇴시켜야 한다는 주장을 담고 있었다. 룬트슈테트는 7월 1일 슈베펜부르크의 보고서를 국방군 총사령부에 제출하면서 자신도 강력하게 찬성한다고 자신의 의사를 밝혔다. 그 뒤 즉시 연합군과 평화협상을 시작해야 한다는 제안을 전화로 무뚝뚝하게 전달했다. 다음날 히틀러는 폰 룬트슈테트 원수를 경질하고 서부전구 독일군 최고사령관에 귄터 폰 클루게(Günther von Kluge) 원수를 임명했다. 며칠 뒤 서부전구 기갑집단 사령관도 가이어 폰 슈베펜부르크에서 하인리히 에버바흐(Heinrich Eberbach)로 바뀌었다. 하우저 친위대장은 롬멜의 반대에도 불구하고 7군 사령관으로 확정되었다.

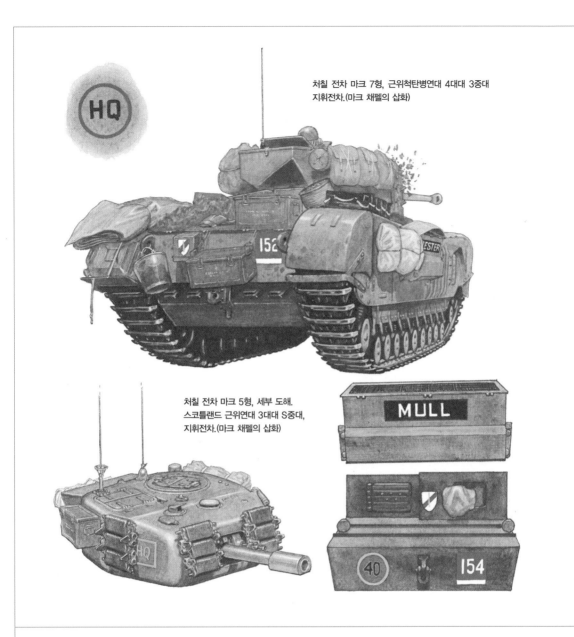

처칠 전차 마크 7형, 근위척탄병연대 4대대 3중대
지휘전차.(마크 채펠의 삽화)

처칠 전차 마크 5형, 세부 도해.
스코틀랜드 근위연대 3대대 S중대,
지휘전차.(마크 채펠의 삽화)

미군의 돌격이 멈추자, 영국 2군은 캉을 점령하기 위한 공세를 시작했다.
암호명 '찬우드' 작전(Operation 'Charnwood')은 공군의 대형 4발 폭격기들
이 지상군을 직접 항공지원하기 위해 적의 진지를 융단폭격함으로써 지상군
이 전진할 수 있게 한다는 레이-말로리의 초기 아이디어를 부활시킨 것이다.
이런 전술은 같은 해 2월과 3월에 이탈리아의 몬테카지노에서 이미 사용한

적이 있었다. 약간의 불평이 있었지만, 영국 공군의 폭격기 사령부는 작전의 실행에 동의했고, 7월 7일 21:50시에 핼리팩스 460대와 랭커스터 폭격기들이 캉의 북쪽 경계선에 폭탄 2,300톤을 투하했다. 폭탄 대부분은 7월 8일 04:20시에 방어병력인 독일군 12기갑사단들 속에서 폭발하도록 시한신관을 사용했다.

그리고 이때를 기해 영국 1군단이(캐나다 3사단 포함) 대포와 해군 함포, 항공기의 지원을 받으며 공격을 시작했다. 전투는 격렬했다. 어느 히틀러 유겐트 사단의 사단장이 직접 판처파우스트를 들고 앙상하게 벽돌담만 남은 건물로 둘러싸인 거리를 돌아다니는 장면이 목격되기도 했다. 그의 사단은 불과 1개 대대 규모의 보병과 전차 40대만 탈출에 성공했고, 캉의 동쪽을 방어하던 공군 야전사단은 75퍼센트의 병력 손실을 입었다. 7월 9일까지 오른 강 북쪽의 캉 시가지는 완전히 일소되었다. 불행하게도, 연합군 대형 폭격기들이 선택한 폭격 조준점은 대부분 독일 방어진지를 벗어났다. 비록 캉 도시와 거주자들이 폭격으로 심한 피해를 입었지만, 공격자의 사기를 돋우는 정도였을 뿐, 전투 자체에는 거의 영향을 미치지 못했다. 그런데도 공군은 이 작전으로 자기편 지상군을 낮게 평가하게 되었다. 7월 10일, 8군단은 캉 서쪽의 돌출부로부터 암호명 '주피터' 작전(Operation 'Jupiter')이라고 명명된 새로운 공격을 시작해, 112고지의 북쪽 경사면을 탈환하고 오른 강의 서안에 위협을 가했다.

이 무렵, 독일군은 연합군의 공격에 반응을 하는 정도 외에는 별다른 활동을 보이지 않았다. 그들에게는 세 가지 전략적 선택이 남아 있었는데, 어느 방법을 택하든 그들을 기다리는 결과는 패배뿐이었다. 우선 노르망디를 연합군에게 내주고 후퇴를 하는 전략이 있었지만, 이것은 히틀러가 아예 금지했을 뿐만 아니라, 연합군에게 모든 지상 및 항공 전력을 배치할 수 있는 공간을 넘겨주게 되는 단점이 있었다. 또한 이 전략은 일종의 기동방어 전술을 요구했는데, 지금까지 충분히 증명되었고 롬멜이 이미 예견한 바와 같이, 그것

7월 10일, 연합군에게 점령된 캉 시 북부지구의 모습으로, 이 사진은 폭격과 그 뒤에 이어진 시가전의 결과를 잘 보여주고 있다. 이 전투에서 사상당한 프랑스 시민을 독일은 선전용으로 상당히 많이 이용했다.(대영제국 전쟁박물관 사진번호 B6912)

7월 10일, 캉에서 촬영한 영국 3사단 킹스 오운 스코티쉬 보더러(King's Own Scottish Border) 1대대 소속 병사들의 모습. 그들은 독일군의 호치키스 기관총을 노획했는데, 독일군은 이 기관총을 1940년 프랑스 군에게 노획했다. 노르망디 전투에서 독일군 장비의 상당 부분은 프랑스제였다.(촬영 각도로 보건대, 이것은 촬영을 위해 일부러 자세를 잡고 찍은 사진일 가능성이 높다.)(대영제국 전쟁박물관 사진번호 B6918)

노르망디 전투

은 실행이 불가능했다. 다음으로 독일군은 캉 방어 병력을 증강시키는 선택을 할 수 있었다. 그러나 그러면 미군이 맡은 구역의 방어가 취약해질 수밖에 없었다. 아니면 반대로 미군이 맡은 구역의 방어를 강화하고, 영국군을 저지하는 전선을 약화시키는 전략이 있었는데, 그렇게 되면 캉 동부의 기갑부대에게 유리한 지형을 영국군에게 돌파당할 위험이 있었다. 히틀러가 원하는 전략적 기갑예비 전력의 확보는 독일군이 실행에 옮길 수 없는 것이었다. 7월 5일, 기갑교도사단이 마침내 전선에서 물러나 휴식을 취할 수 있게 되었지만, 7월 11일 미국 19군단의 공격을 방어하기 위해 다시 나서야 했다. 몽고메리의 전략적 관점에서, 브래들리는 독일군 기갑부대가 아무리 약체화되고 피로에 지쳤더라도, 자신의 부하들이 그들과 만나게 되는 것을 달가워하지 않았다.

찬우드 작전이 끝나고, 독일 86군단이 캉의 동쪽 방어선 전체를 1친위기갑군단으로부터 인수했지만, 2개 기갑사단은 중앙의 예비전력으로 재구성하기보다는 캉의 남쪽과 동쪽의 전선으로 이동시켜 예상되는 영국군 공격에 대비해야 했다. 대체적으로 독일군 진영은 너무 약체화되어 있었고, 새로 도착한 보병들은 기갑사단을 대체하는 것이 아니라, 그들의 전력을 보충하기 위해 투입되었다.

7월 10일~8월 5일, 돌파

몽고메리와 예하의 두 지휘관은 결정적인 전투 단계를 계획해, 미군이 브르타뉴를 돌파할 수 있는 여건을 조성하려고 했다. 7월 10일, 그는 이를 실현하기 위한 방법을 담은 명령을 내렸다. 그 명령에 따르면, 브래들리가 아브랑슈를 향해 공세로 전환하면서, 뒤를 이어 8군단을 선봉으로 삼은 미 3군이 서쪽으로 크게 선회하여 브르타뉴로 진격하고, 동시에 미 1군은 르 망(Le Mans)과 알랑송으로 돌격한다는 것이었다. 이 작전을 지원하기 위해 영국 2군은 캉 동부지역의 개활지를 지나서 기갑부대의 대규모 공격을 감행할 예정이었다. 7

월 19일로 정해진 브래들리의 공격은 암호명 '코브라' 작전(Oeperation 'Cobra')이었고, 그 전날 시작하기로 한 뎀프시의 공격은 암호명 '굿우드' 작전(Operation 'Goodwood')이었다.

하지만 미 1군은 '오버로드' 작전으로 계획했던 것보다 한 달이나 늦게 생로를 점령하고 나서야 독일 방어선 돌파에 나설 수 있었다. 7월 11일, 미 19군단은 돌격 방향을 남쪽으로 전환해 생 로 정면을 방어하고 있는 2낙하산군단을 공격했다가, 독일군 기갑교도 사단의 반격에 걸려들었다. 순전히 화력과 끈기로 미군은 독일군을 생 로의 폐허로부터 4마일(6킬로미터) 뒤로 물러서게 했고, 결국 생 로는 7월 19일 오전에야 점령할 수 있었다. 이때는 '코브라' 작전의 원래 계획이 이미 무용지물이 된 상태였다. 7월 3일, 미군은 8군단의 공격을 시작으로 해서 모든 공세를 펼쳤고, 그 결과 4만 명의 사상자가 발생했다. 그 중 90퍼센트가 보병이었다. 7월 20일에는 폭우가 내려서 결국

7월 8일 캉에서 59사단(스태퍼드셔) 병사들이 생포한 12친위기갑사단 '히틀러 유겐트' 소속 포로를 영국 3사단의 정비부대 소속 일병이 후방으로 호송하고 있다. 포로의 앳된 얼굴이 '히틀러 유겐트' 사단을 잘 설명해 주는 듯하다. 이 사단 소속 장병들은 장교들을 포함해 평균 연령이 18.5세였다. 히틀러 유겐트 사단은 이전에 한 번도 실전에 참여한 적이 없으나, 장교와 부사관의 상당수는 전투 경험이 있었다.(대영제국 전쟁 박물관 사진번호 B6596)

미군 987포병대대의 105밀리미터 자주포가 6월 7일 '오마하' 비치에 상륙하고 있다. 뒤에 보이는 전차상륙함 2대는 일부러 해변에 접안했고, 선수의 램프를 열어 밀물 때 다시 바다로 나가기 전에 화물을 양륙했다. 보급품을 양륙하기 위한 이런 긴급조치는 D-데이의 보급 문제를 해결하기 위한 방안으로 강구되었다.(대영제국 전쟁박물관 사진번호 B5131)

'코브라' 작전은 7월 24일로 연기되었다.

하지만 미군이 설사 공격에 나설 수 있는 상태가 아니었더라도, 그 당시 독일군은 방어를 할 수 있는 상태가 아니었다. 7월 중순, B집단군은 약 9만 6,400명의 병사를 잃었지만 보충된 인원은 5,200명에 불과했고, 전차는 225대를 잃었지만 고작 17대가 새로 도착했다. 2낙하산군단의 보병 총수는 3,400명으로, 이것은 4개 보병사단의 생존자들로 구성된 1개 혼성전투단까지 포함한 수치였다. 생 로의 서쪽 방어선을 담당하는 기갑교도사단은 전차 40대와 병력 2,200명으로 전력이 감소했다. 2낙하산군단과 84군단 모두 자신들의 전력이 너무 약화되어 다음 번 미군의 공세를 감당할 수 없을 거라고 7군 사령부에 보고했다. 이 정보는 '울트라' 암호해독기를 통해 즉시 연합군에게 전달되었다. 이 뼈대만 남은 구조에서 275사단의 약체화된 4개 대대 이외에 어떠한 예비부대도 존재하지 않았다. 독일군이 병력을 재배치하지 않는한, 다음 미군 공세를 막을 수 있는 수단이 그들에게는 더 이상 남아 있지 않았다.

영국 2군의 공세작전인 '굿우드' 작전은 노르망디 전투를 통틀어서 가장 많은 논란을 불러일으킨 전투였다. 영국군의 사상자는 7월 중순까지 4만 명에 이르렀는데, 이번에도 대부분이 보병이었다. 이런 식으로 보병을 소모하면서 명예로운 영국 육군의 연대체제는 붕괴되어갔다. 그렇기 때문에 이제는 병력을 필요로 하는 대대에 보냈다. 하지만 예상했던 것만큼 내륙으로 멀리, 그리고 빠르게 진격하지도 않았기 때문에, 전차는 남아돌았다. 서쪽에서는 미 1군과 접경을 이루면서 버크날 장군이 이끄는 30군단이 전선을 형성했다. 그 옆으로 7군단이 '엡섬' 작전의 부산물인 돌출부를 담당했고, 캐나다 2군단이 캉의 북부를 맡았는데, 이 두 군단이 새로 조직되면서 크로커의 1군단은 예전처럼 캉 동쪽의 전선을 지켰다. 병력을 이렇게 배치하자, 몽고메리는 3개 기갑사단을 전선에서 뽑아내 8군단의 예비로 삼았다. 몽고메리는 훗날 이렇게 말했다. "독일군이 기갑예비대를 확보할 수 없었던 데 반해, 자신은 기갑예비대를 만들어낼 수 있었고, 바로 그 순간 노르망디 전투에서 승리했음을 알았다"고 말이다.

  '굿우드' 작전은 30군단과 7군단의 조공을 필요로 했는데, 그것이 바로 '그린라인' 작전(Operation 'Greenline')이다. 엡섬 작전으로 형성된 돌출부 주위에 독일군을 묶어두는 것이 작전의 목표였다. 그 뒤를 이어 7월 18일에는 캉의 동부 구역을 공격할 예정이었다. 독일군의 전선은 종심이 3마일(5킬로미터)이나 되었고, 16공군야전사단과 21전차사단의 전투단이 방어를 담당하고 3방공포 군단이 그들을 지원했다. 서쪽 측면에서는 캐나다 2군단이 캉에 대한 양익포위 작전을 실시하여 도시와 콜롱벨 제철소에서 독일군을 몰아낼 예정이었다. 동쪽 측면에서는 영국 3사단이 남동쪽으로 공격해 교두보를 확장할 계획이었다. 중앙에서는 연합군의 화력이 보병의 역할을 대신하게 될 것이다. 1,000대 이상의 대형 폭격기와 중형 폭격기들이 독일군 방어선 바로 위에서 폭 7,000야드(6,300미터)의 빈틈을 날려버릴 예정이었다. 폭격의 뒤를 이어 해군의 함포를 포함한 대포 750문의 일제사격과 공군 전폭기의 공습이

5호 전차 A형 판터 전차. 1친위기갑사단 '라이프스탄다르테 아돌프 히틀러' 소속 지휘 전차이다.(데이비드 E. 스미스의 삽화)

이어질 예정이었다. 항공기 4,500대를 작전에 투입할 예정이었다. 그 후, 1군단의 배후에서 캉 운하와 오른 강에 걸쳐 8군단의 3개 기갑사단이 독일군 1개 연대가 담당한 전선을 집중 돌파해 독일군 진지를 뚫고 차례차례 부르귀에뷔스 리지까지 전진하기로 되어 있었다. 이 작전은 측면 엄호 부대 전차 250대를 비롯해, 오코너의 주공에 전차 750대가 참여할 예정이었다.

작전계획 초안을 놓고 연합군 원정군 최고사령부와 토의를 거친 후, 7월 15일 몽고메리는 뎀프시 중장에게 명령을 내림으로써 자신의 목표를 확정했다. 영국군의 1차 목표는 독일군 기갑사단을 전투에 끌어들여, 이어질 '코브라' 작전에서 이들이 미군을 상대하지 못하게 만드는 데 있었다. 2차 목표는 캉의 나머지 부분을 점령하는 것이었다. 오코너 휘하의 전차들은 부르귀에뷔스 리지까지 진격하고 정찰장갑차들은 팔레즈까지 밀고 나가기로 되어 있었

노르망디 1944

1944년 6월 27일, 영국 11기갑사단 본부 중대 소속 크롬웰전차.(테리 해들러의 삽화)

다. 하지만 그 이상의 작전은 상황을 지켜보며 실행에 옮겨야 했다. '굿우드' 작전은 그 신중함으로 보아 전형적인 몽고메리식 작전이었다. 1친위기갑군단과 2친위기갑군단이 현 위치에 계속 머물러 있는 한, 몽고메리의 전략적 관점에서 볼 때 영국군이 후퇴만 하지 않는다면, 어떠한 결과라도 받아들일 수 있었다. 몽고메리는 그가 무슨 일을 하든지 자신의 정당성을 인정받을 수 있는 입장에 서 있었다.

브래들리와 뎀프시는 '굿우드' 작전의 목표를 명확하게 이해했다. 그러나 연합군 원정군 최고사령부는 몽고메리의 명령을 제대로 이해하지 못했다. 기갑부대의 대규모 공세라는 점과 특히 팔레즈에 대한 언급 때문에, 아이젠하워와 테더는 마침내 몽고메리가 해안교두보를 돌파하기 위해 전면공격에 나섰다고 생각했다. 몽고메리는 그런 생각을 하는 아이젠하워를 그냥 내버려두

대전차포

	포탄 무게 (kg)	최대사거리 (m)	포구속도 (m/sec)
미국			
57밀리미터 견인포	2.7	9,382	840
76밀리미터 견인포	5.9	9,144	810
(M18 헬켓과 신형 M4 셔먼에도 사용됨)			
3in 견인포	6.8	14,722	780
(M10 울버린 전차에도 사용됨)			
영국			
6파운드 견인포	2.7	9,382	840
17파운드 견인포	7.7	15,545	840
(셔먼 파이어플라이 전차에도 사용됨)			
독일			
75밀리미터 Pak 40	6.8	7,023	539.4
88밀리미터 Pak 43	10.4	16,000	738.3

적군의 전차에 대한 전차포 및 대전차포의 사거리별 관통력 (30도 경사진 장갑판의 관통두께)

표적까지 거리	100m	500m	1000m	2000m
미국				
75밀리미터(셔먼, 크롬웰, 처칠)	74mm	68mm	60mm	47mm
57밀리미터(견인포)	–	81mm	64mm	50mm
76밀리미터(견인포, 셔먼, 헬켓)	109mm	99mm	89mm	73mm
3in(울버린, 견인포)	109mm	99mm	89mm	73mm
영국				
6파운드(견인포)	143mm	131mm	117mm	90mm
17파운드(견인포, 셔먼 파이어플라이)	149mm	140mm	130mm	111mm
독일				
75밀리미터 KwK 40 (4호 전차)	99mm	92mm	84mm	66mm
75밀리미터 PaK 40 (견인포)	99mm	92mm	84mm	66mm
88밀리미터 KwK 36 (6호 전차 E형 티거)	120mm	112mm	102mm	88mm
75밀리미터 KwK 42 (5호 전차 판터)	138mm	128mm	118mm	100mm
88밀리미터 KwK 43 (6호 전차 B형 킹 티거, 야크트판터, 견인포)	202mm	187mm	168mm	137mm
128밀리미터 PaK 44 (야크트티거)	–	212mm	202mm	182mm

영국군 화기. '그린라인' 작전 개시일인 7월 15일 야간에 5.5in 포가 자신의 포가에서 사격을 하고 있다. 대포 옆에 쌓인 포탄들은 연합군의 공격준비사격의 전형적인 모습인데, 심지어는 조공에도 이 정도 탄약을 사용한다.(대영제국 전쟁박물관 사진번호 B7413)

야포, 중구경포 및 대구경포

	포탄무게 (kg)	최대사거리 (m)	표준 분당 발사율 (발)
미국			
75밀리미터(공수)	6	8,687	3
105밀리미터 자주포 또는 견인포	15	11,110	3
155밀리미터 자주포 또는 견인포	43	23,225	2분에 1발
영국			
25파운드 자주포 또는 견인포	11	2,253	3
4.5in 견인포	25	18,745	1
5.5in 견인포	36	16,550	1
7.2in	90	14,722	2분에 1발
독일			
105밀리미터 견인포	14.5	9,761	3
150밀리미터 견인포	43	11,247	0.5
210밀리미터 견인포	120	31,000	3분에 1발

노르망디 전투

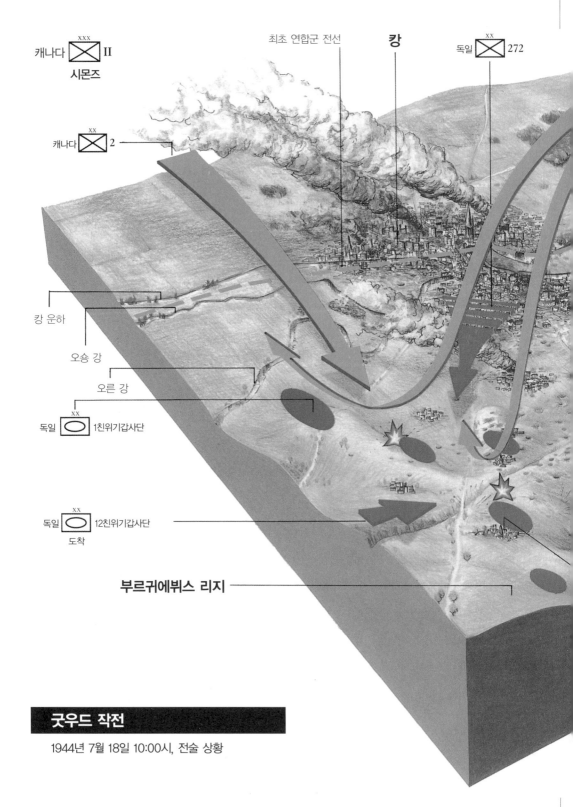

캐나다 $\boxtimes$ II
시몬즈

캐나다 $\boxtimes$ 2

최초 연합군 전선

캉

독일 $\boxtimes$ 272

캉 운하

오슈 강

오른 강

독일 1친위기갑사단

독일 12친위기갑사단
도착

부르귀에뷔스 리지

굿우드 작전

1944년 7월 18일 10:00시, 전술 상황

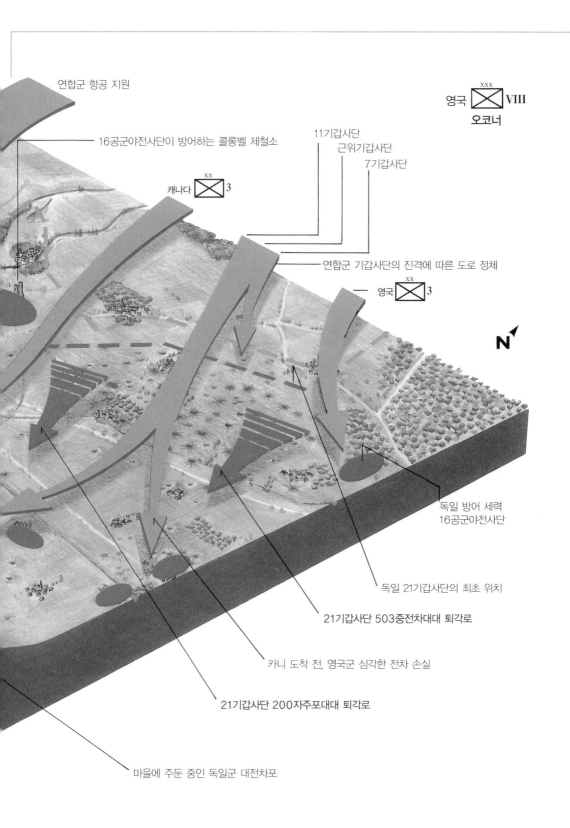

연합군 항공 지원

16공군야전사단이 방어하는 콜롱벨 제철소

11기갑사단
근위기갑사단
7기갑사단

캐나다 ⊠ XX 3

영국 ⊠ XXX VIII
오코너

연합군 기갑사단의 진격에 따른 도로 정체

영국 ⊠ XX 3

N

독일 방어 세력
16공군야전사단

독일 21기갑사단의 최초 위치

21기갑사단 503중전차대대 **퇴각로**

카니 도착 전, 영국군 심각한 전차 손실

21기갑사단 200자주포대대 **퇴각로**

마을에 주둔 중인 독일군 대전차포

7월 18일, 11기갑사단 3전차연대 23후사르 소속 M4 셔먼 전차 2대가 '굿우드' 작전 첫날 이동하고 있다. 멀리 콜롱벨 제철소의 탑이 보인다.(대영제국 전쟁박물관 사진번호 B7524)

7월 18일, '굿우드' 작전 개시 순간에 카니 마을을 촬영한 항공사진이다. 연합군은 대형 폭격기로 이 마을을 초토화시켰다. 폭탄의 신관은 지면과 접촉하는 순간 폭발하도록 되어 있었지만, 포탄 구멍이 엄청나서 연합군의 진격에 방해가 될 정도였다. 88밀리미터 대전차포 5문과 약간의 보병으로 급히 구성한 방어선이 카니 지역의 방어에 핵심적인 역할을 했다.(대영제국 전쟁박물관 사진번호 CL477)

었으며, 그것을 바로잡으려는 어떠한 노력도 기울이지 않았다. 아이젠하워는 몽고메리의 전략을 동쪽에서는 '굿우드' 작전으로, 서쪽에서는 '코브라' 작전으로 독일군 방어선을 돌파하여 적의 양익을 포위하려는 것으로 생각했고, 심지어 '코브라' 작전은 이를 위한 보조 작전에 지나지 않는다고 생각했다.

7월 15일 밤, '그린라인' 작전을 실시해, 독일군 2기갑사단과 9친위기갑사단, 10친위기갑사단을 캉의 서쪽 진지에 묶어두고, 오른 강을 지키기 위한 전투에 1친위기갑사단을 끌어들였다. '굿우드' 작전 때는 롬멜 원수가 긴박한 순간에 전장에 없었어도 용서를 받을 수 있었다. 7월 17일, 그가 탄 관용차가 연합군 전폭기의 공습을 당했기 때문이다. 롬멜은 중상을 입고 병원으로 호송되었다. 그는 B집단군 사령관에서 해임되지 않았고, 그 대신 폰 클루게 원수가 서부전구 최고사령관으로 있으면서 B집단군 사령관직을 겸임했다. 그리고 이것으로 독일군의 지휘체계가 합리적으로 정리되었다. 3일 후인 7월 20일, 독일군 장교들은 히틀러의 전략에 대한 불만의 표시로, 히틀러 본부에 폭탄을 터뜨려 그를 암살하고 연합군과 평화협상을 시도하려고 했다. 폭탄은 터졌으나 히틀러는 별로 다치지 않았다. 이 사건에는 노르망디 전투에 참여한 지휘관들 중 부상에서 회복 중이던 롬멜만이 연루되었고, 그는 재판에 회부되는 대신 자살을 권고받았다.

7월 18일 07:45시경, 2시간 이상 지속된 항공기의 공습이 있은 후 '그린우드' 작전이 시작되었다. 캐나다 2군은 캉을 점령하는 데 성공했고, 영국 3사단 또한 목표를 달성했다. 중앙에서는 11기갑사단이 전진을 시작했고, 그 뒤를 근위기갑사단과 7기갑사단이 따랐는데, 그들은 매우 협소한 영국군 전선을 통과해야 했다. 최일선 독일군 진지를 돌파하는 데는 성공했으나, 연합군 정보부는 독일군 방어진지의 강도를 너무 저평가했다.

독일 방어진지는 종심이 10마일(15킬로미터)이나 되었고, 16공군야전사단과 21기갑사단 뒤에는 특별 자주대포대대와 200대로 구성된 전차대대, 티거전차를 장비한 503중전차대대가 버티고 있었다. 그리고 다시 그 뒤로 평지에

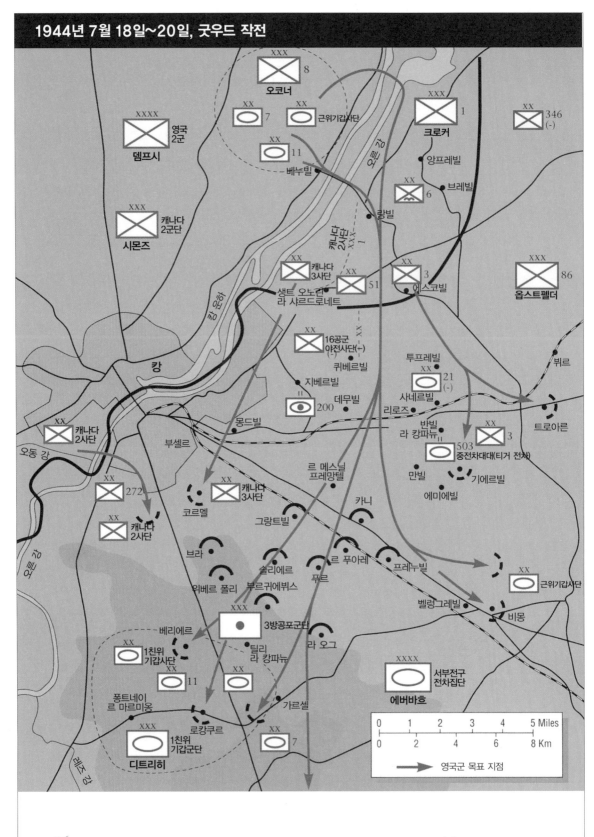

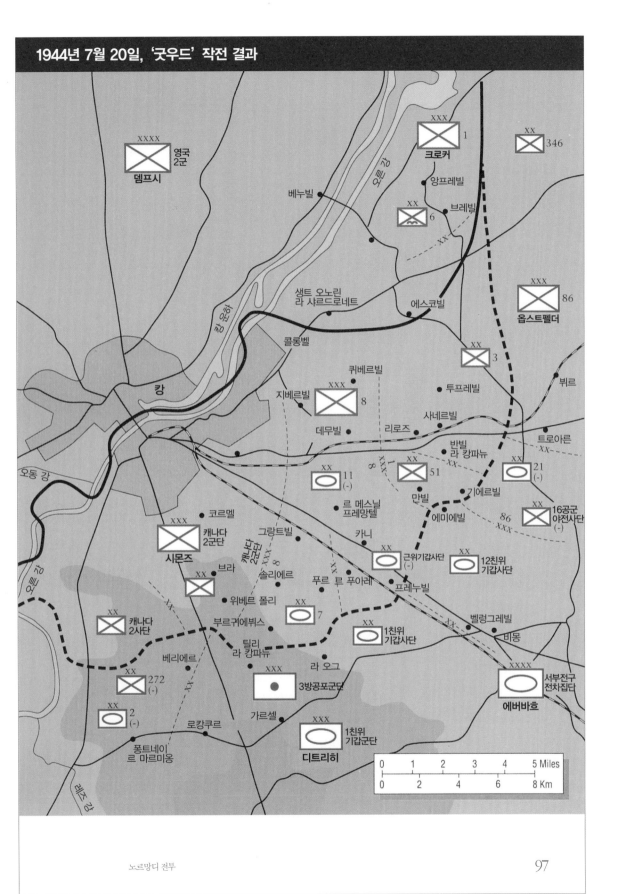

'굿우드' 작전 개시일인 7월 18일, 근위기갑사단의 선봉인 근위척탄병연대 2대대(기갑)의 M3 스튜어트 경전차의 모습. 2개 영국 기갑사단은 기병연대와 전차연대로 구성된 전차부대인 반면, 세 번째 기갑사단은 근위보병에서 병과를 바꾼 대대들로 구성되어 있었다. 스튜어트 전차는 전투를 치르기에는 너무 장갑이 얇아서 정찰 임무를 수행했다. 영국은 스튜어트 전차 12대를 각 전차연대 또는 대대에 배치하여 정찰중대를 구성했다. 미국은 스튜어트 전차와 화이트 장갑차로 구성된 정찰대대를 각 기갑사단에 배치했다.(대영제국 전쟁박물관 사진번호 B7561)

독일군 네벨베르퍼(Nebelwerfer), 즉 다연장로켓발사대. 7로켓포여단의 다연장로켓발사대로 장전이 완료되어 발사 준비가 끝난 상태이다. 사진 속의 장비는 굿우드 작전의 동쪽 측면인 반빌 라 캄파뉴에 있던 것으로, 7월 20일 영국 3보병사단이 포획했다. 네벨베르퍼라는 이름이 암시하는 바와 같이, 다연장로켓발사대는 원래 연막탄을 발사하기 위해 개발했지만, 지역타격 무기로서 매우 효과적이라는 평가를 받았다. 특이한 발사음 때문에 영국군은 '징징대는 미니'라고 부르기도 했다.(대영제국 전쟁박물관 사진번호 B7783)

있는 모든 마을마다 각각 88밀리미터 대공포 겸 대전차포를 4문 혹은 5문씩 보유하고 있는 포병단이 흩어져 있었고, 이들의 존재는 뒤에 있는 부르귀에뷔스 리지에 있는 3방공포군단의 대규모 집결지까지 이어졌으며, 그 뒤에는 다시 1친위기갑사단이 예비로 대기하고 있었다.

영국군 기갑사단의 구조는 보병여단과 기갑여단으로 분리되어 있었다. 이 것은 보병이 첫 번째 마을을 소탕하는 데 시간을 보내고 있는 동안, 전차는 사실상 보병의 지원 없이 대전차포의 대규모 집결지로 뛰어들어야 한다는 것을 의미했다. 몽고메리가 연합군 원정군 최고사령부와 언론에게 작전의 완벽한 성공을 알리는 동안, 기갑돌격은 부르귀에뷔스 리지 앞에 멈춰선 채 불타는 전차 무리로 변해 있었다. 다음날 양측의 보병과 전차부대는 부르귀에뷔스 리지의 앞쪽 경사지에 있는 마을을 두고 접전을 벌였고, 7월 20일에는 '코브라' 작전을 지연시켰던 바로 그 폭우 때문에 영국군은 공격을 중단해야 했

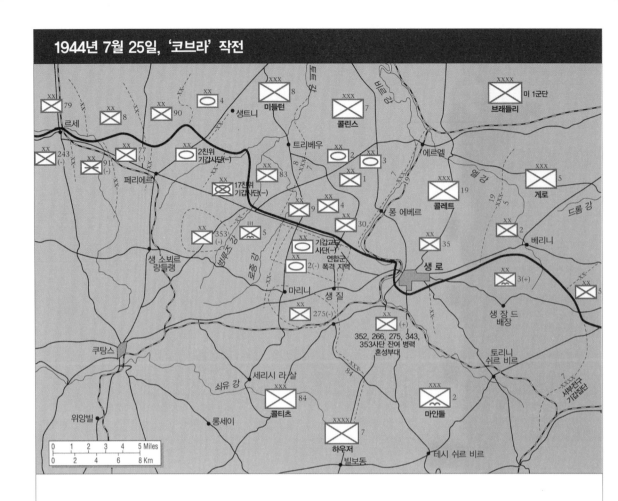

다. 캉을 점령하고, 1친위기갑군단을 전투에 끌어들이는 데 성공했지만, 영국 2군은 전차 413대라는 기갑 전력 36퍼센트에 해당하는 피해를 입었다. 아이젠하워의 표현처럼, 영국군은 1마일당 폭탄 1,000톤의 비율로 7마일(11킬로미터)을 전진했던 것이다.

바로 이 순간에 아이젠하워는 연합군 최고사령관으로서 그의 능력을 발휘했다. 그는 테더는 물론 자신의 참모들로부터 압력을 받고 연합군의 전쟁 수행 능력에 대해 온갖 비난을 받으면서도 몽고메리를 해임하려 하지 않았다. 그 대신, 그는 7월 20일에 몽고메리를 만났고 그것으로 만족했다. 다음날 그는 편지로 전날 만남의 요점을 다시 확인했는데, 거기서 그는 영국군의 돌파 실패에 실망했으며, 독일군은 반격을 할 수 없을 정도로 전력이 약화되었다는 점을 강조하고 이제 신중을 기할 시기는 지났다고 결론을 내렸다. 아이젠

7월 말경 사진으로, '코브라' 작전 중이거나 작전 개시 직전에 생 로 남부에 있는 미 7군단 소속 보병의 모습이다. 이와 같은 형태의 전투는 미군의 진격에 커다란 장애가 되었다. 미군이 적의 진지를 우회하려고 했지만, 이번에는 적 대포의 사격을 받았다.(대영제국 전쟁박물관 사진번호 EA30511)

사진 속의 병사는 2친위기갑사단 '다스 라이히' 소속으로, 아마 예하의 2개 친위척탄병연대 중 하나에 소속된 보병일 것이다. 7월 30일, 미군의 포로가 된 그는 쿠탕스 남쪽 가브래 마을 근처에서 미 8군단 소속 보병에게 몸수색을 당하고 있다.(대영제국 전쟁박물관 사진번호 OWIL52255)

하위가 직접 지휘권을 행사할 수도 있었다. 8월 1일에 미 3군의 창설과 12집단군의 편성이 계획되어 있었다. 하지만 아이젠하워는 전투 중에 지휘관을 교체하기보다는 몽고메리가 영미 양 집단군을 지휘해 전투를 종결짓게 했다. 그것은 힘들지만 올바른 결정이었다. 비록 처칠이 아이젠하워에게 어떤 영국군 지휘관이든 미덥지 않으면 마음대로 해임할 수 있는 권한을 부여했지만, 미국인의 신분으로 영국에서 가장 유명한 장군을 해임하면 연합군 사이의 관계가 얼마나 악화될지 그는 잘 알고 있었던 것이다.

사실 몽고메리는 '굿우드' 작전 덕분에 자신의 전투에서 승리할 수 있었다. 7월 18일 저녁, 15군의 마지막 기갑부대인 116기갑사단은 캉 전투구역으로 이동하라는 명령을 받았다. 프랑스에 남아 있는 유일한 기갑사단인 9기갑사단과 11기갑사단은 프랑스 남쪽 저 아래에 있었다. 캉 전선에서 영국군은 3개 기갑사단과 10개 보병사단, 1개 공정사단으로 독일군 7개 기갑사단과 6개 보병사단을 잡아두고 있었다. 4개 기갑사단과 13개 보병사단을 보유한 미군은 독일군 2개 기갑사단과 1개 기계화사단, 3개 보병사단, 1개 공수사단 그리고 2개 낙하산사단을 상대했다. 독일군 부대들이 극도로 약화되어 있다는 사실을 고려하지 않아도, 미군 전력은 적어도 2 대 1의 비율로 독일군보다 우세했다.

'굿우드' 작전처럼 '코브라' 작전도 폭 6,400미터의 독일군 전선에 집중폭격을 가했는데, 이것은 전 전선에서 일제공격을 펼친 뒤 기갑부대의 전과확대로 이어지던 미군의 기존 방식과는 다른 전술이었다. 미 8공군은 콜린스가 이끄는 7군단 정면에 있는 기갑교도사단을 목표로 폭탄 1,500여 개를 투하하기로 했다. 하지만 브래들리가 템프시와 다른 점이 있다면, 그에게는 여분의 보병이 있었다는 것이다. 공습이 끝난 후 3개 보병사단이 공격을 맡았기 때문에, 2개 기갑사단과 1개 보병사단은 뒤에 남겨두고 돌파 확대용 예비부대로 사용할 수 있었다. 7월 24일로 정했던 '코브라' 작전은 마지막 순간에 악천후 때문에 연기되었다. 하지만 폭격기 335대에는 이 사실이 전달되지 않아서, 이들 폭격기들이 시계가 좋지 않은 상황에서 아군 전선에 폭탄을 떨어뜨리는 사태가 벌어졌다. 기습은 아주 효과가 없었던 것은 아니었다. 독일군은 자신들의 보복 포격으로 미군이 공격을 중단했다고 생각했던 것이다.

한편 7월 23일, 캐나다 1군이 현역화되었고 캐나다 2군단과 영국 1군단을 그 예하에 두었다. 크레러 중장은 자기 부대를 위한 '스프링' 작전(Operation 'Spring')을 계획했다. 스프링 작전은 7월 25일 캐나다 2군단이 캉과 팔레즈를 잇는 도로를 따라 공격하는 것으로, 독일군 방어선 돌파에 성공할 경우 예비인 근위기갑사단과 7예비기갑사단을 출동할 예정이었다. 우연하게도 7월 25일에 양측이 동시에 공격을 개시했다. 그 결과, 캐나다 군은 캉의 남쪽에서 1친위기갑사단과 9친위기갑사단의 방어선을 뚫고 전진하는 데 실패했고, 그로부터 24시간 뒤 공격은 중단되었다. 그러나 서부전구 최고사령부는 그 뒤로도 12시간 동안 '스프링' 작전이 연합군의 주공이라고 여기다가, 비로소 '코브라' 작전의 대응에 나섰다. 그 이유는 부분적으로 미 공군의 폭격이 또다시 아군 진영에 떨어져 콜린스 부대의 공격이 너무 천천히 진행되었기 때문이다. 이 작전의 전사자 중에는 유럽에서 전사한 군인 중 최상급자가 포함되어 있었는데, 그가 바로 미 지상군 사령관, 레슬리 맥나이어(Lesley McNair) 중장이었다. 그는 노르망디에서는 패튼이 맡았던 미 1집단군 사령관의 역할을 대신하기로 되어 있었다.

미군의 폭격으로 독일군 기갑교도사단은 모든 전차와 병력 3분의 2를 잃어, 사실상 부대가 해체되어버렸다. 보병부대의 공격은 11:00시에 시작되었고, 날이 저물 무렵 7군단은 독일군 진지로 3,600미터를 침투하는 데 성공했다. 다음날 서쪽의 8군단도 7군단에 합류하여 독일군을 7,200미터 밀어냈고, 7월 27일에 2기갑사단('헬 온 휠스' 사단)이 전투 끝에 독일군 방어선을 돌파하는 데 성공했다. 브래들리는 8군단을 패튼에게 배속시켰다(이론적으로 패튼의 사령부는 아직 존재하지 않았다). 7월 28일, 7군단은 12마일(17킬로미터)을 더 돌파하여 쿠탕스(Coutances)를 점령했다. 이틀 후, 패튼의 부대는 코탕탱 반도의 기저, 아브랑슈에서 중요한 교차로를 점령하고, 독일군의 저항이 없다는 사실을 발견했다. 다음날인 8월 1일, 미 3군은 공식적으로 출범했다. 브래들리는 미 1군의 지휘를 자신의 부사령관이던 커트니 호지스 중장에게 넘기고 12집단군 사령관으로 취임했다. 24시간 내에 공군과 기갑사단이 아브랑슈에서 폭 5마일(8킬로미터) 간격을 벌리고 있는 동안, 패튼은 4개 사단을 내보내 아브랑슈 마을을 거쳐 보카주를 통과하게 했고, 결국 그들은 프랑스의 주요 도로를 확보하는 데 성공했다.

| 8월 5일~ 11일, 전과 확대 |

8월이 시작될 무렵, 친위상급대장인 하우저의 7군은 붕괴되고 있었다. 8월 5일 5기갑군으로 명칭이 바뀐 서부전구 기갑집단은 이로부터 1주일 후에 붕괴되었다. 독일군 군단이나 사단의 단대호는 지도상의 간결한 경계선만큼이나 분명하게 남아 있었지만, 실제로 지상에서는 소규모 전투단의 집합체에 불과해 대대 규모로 축소되었다. 그 전투단의 구성원들은 자신이 지금 어디 있는지, 그날 자신이 속한 사단의 지휘관이 누구인지조차 모르는 경우가 대부분이었다. 독일군 부대가 제자리를 지키며 전투에 임하는 곳에서는 전술적인 면에서 확실히 연합군보다 우위에 있었다. 따라서 그들은 최후의 순간까지 단순한 후퇴가 전면적인 패주가 되지 않도록 막을 수 있었다. 우수한 독일 전차는 소수만으로도 연합군의 진격을 순식간에 정지시킬 수 있었다. 그러나 8월 11일 이후로 노르망디에 있던 독일군과 연합군 그 누구도 독일군이 노르망디 전투에서 승리할 것이라고 생각하지 않았다.

독일군의 전선이 붕괴되고 전투 양상이 기동전으로 바뀌자, 독일군 지휘관들은 무선통신에 의한 송신에 더욱 의존할 수밖에 없었다. 연합군은 '울트라' 암호해독기를 이용한 무선통신에 더욱 의존하게 되었고, 이를 통해 더 많은 정보를 얻을 수 있었다. 날씨가 좋아지면서 연합군의 전술공군도 자신의 능력을 100퍼센트 발휘하여, 이동 중인 독일군을 공격했고 그들이 주로 의지

7월 초, 프랑스에 도착한 지 얼마 되지 않은 조지 S. 패튼 중장(왼쪽)이 손잡이를 상아로 장식한 리볼버를 차고 자신의 명성만큼이나 흉한 치아를 드러내면서 몽고메리 장군(오른쪽)과 이야기를 나누고 있다. 패튼과 몽고메리 사이에 브래들리 중장이 서 있다. 실제로 브래들리는 종종 이 두 사람의 논쟁 한가운데서 있곤 했다. 패튼은 독일군에게 연합군 사령관들 중에서 최고의 사령관으로 인정받고 있었고, 전투 접근 방식에 있어서도 독일군과 어느 정도 유사한 특징을 가지고 있었다. 하지만 전쟁에 얽힌 복잡한 정치관계에 대해서는 전혀 이해하지 못했다. 패튼을 제외한 다른 장군들은 부대표식이나 휘장을 전혀 착용하지 않고 계급장만 달고 있다는 사실에 주목하기 바란다.(대영제국 전쟁박물관 사진번호 B6551)

하던 기마 수송부대에 큰 손실을 입혔다. 대부분의 독일군 부대는 무기가 부족한 상태였고, 특히 대전차포 탄약이 심각하게 부족했으며, 전차와 각종 차량들이 연료 부족으로 전장에 그대로 버려지는 사태까지 벌어지고 있었다. 8월 6일이 되자, 독일군 B집단군의 사망자수는 14만 4,261명이었으나, 겨우 1만 9,914명의 병력만이 보충되었다.

7월 27일, 마침내 폰 클루게는 연합군의 주공이 '스프링' 작전이 아니라, '코브라' 작전이라는 사실을 깨닫고, 틈을 봉쇄하려고 시도했다. 다음날 58기갑군단의 본부가 남쪽에서부터 이동하고 있었다. 이로 인해 자유로워진 47기갑군단 본부는 영국군과 대치하던 전선에서 철수하여 2기갑사단과 116기갑사단을 데리고 서쪽으로 이동하기 시작했다. 그들은 연료가 부족하여 서서히 이동할 수밖에 없었고 아브랑슈에서 미 7군단과 마주치게 되었다. 8월 1일, 9기갑사단과 전투 준비 상태가 각기 다른 6개 보병사단이 노르망디로 이동했다. 독일군이 '포티튜드(Fortitude)' 작전의 정체를 정확히 언제 간파했는지는 알 수 없으나, 이러한 독일군의 움직임은 연합군의 기만작전이 더 이상 아무런 의미가 없다는 것을 말해주는 증거였다. 최전선으로부터 일관된 보고를 받을 수 없게 되자, 폰 클루게는 84군단장을 교체하고, 7군 참모장을 해임했으며, 7월 30일에 잠깐 동안 7군 사령관까지 겸임했다.

처음 '오버로드' 계획에 근거하여 만든 '코브라' 작전의 목표는 브르타뉴 항구를 확보하는 것이었다. 독일은 보카주 지역에서 절대로 후퇴하지 않기로 결정했고, 몽고메리는 이들이 예비부대를 형성할 수 없게 만드는 능력을 가지고 있었다. 따라서 이것은 일단 전선을 돌파하는 데 성공하면, 그들은 연합군이 예상했던 것보다 훨씬 더 철저하게 붕괴될 것이라는 의미였다. 그 뒤에 이어진 나머지 전투에서 연합군의 승리로 그들은 균형을 잃은 듯 보일 정도였다.

7월 29일, 브래들리는 패튼에게 명령하여, 서쪽으로 향하는 미들턴의 8군단을 브리타뉴를 향해 진군하게 하고, 미 3군의 나머지 부대들은 모르탱(Mortain)을 향해 진군하게 했다. 미들턴의 2개 기갑사단과 2개 보병사단은 독일군 25군단의 저항에 부딪혔다. 이 독일군 25군단의 예하에는 재편성된 77사단과 91공수사단을 포함해 6개 사단이 있었다. '코브라' 작전은 브리타뉴 항구를 확보한다는 본래 목적을 달성하는 데 실패했고, 9월이 되어서야 항구의 일부만을 함락할 수 있었다. 그러나 이것은 셰르부르의 경우처럼 그때는 이미 연합군에게 아무런 가치가 없는 상태였다. 브래들리는 그의 선봉 부대인 8군단을 즉시 선회시켜 파리를 향해 동쪽으로 전진시키지 않았다고 비난을 당했지만, 만일 파리로 진군했다면 미 3군은 측면과 배후에서 독일군의 역습을 당했을 것이다. 이는 아이젠하워는 물론 몽고메리와 브래들리 모두 두려워한 일이었다. 훗날 패튼은 이렇게 말했다. "내가 측면을 걱정했다면 나는 결코 싸우지 못했을 것이다."

7월 26일, 브래들리는 '코브라' 작전과 더불어 영국 2군과 접경을 이루고 있는 5군단에게 양동작전을 감행하도록 명령했다. 하지만 그들의 공격도 진행이 더디기만 했다. 한편 몽고메리는 '스프링' 작전이 실패로 끝난 뒤, 근위 기갑사단과 7기갑사단을 서쪽으로 이동시켰다. 그리고 7월 30일, 공군과 포병의 지원 아래 오코너의 8군단에 속한 2개 기갑사단과 1개 보병사단은 미 5군단과 나란히 비르 강으로 공격을 시작했고, 동시에 버크날의 30군단은 몽 팽송으로 돌진했다. 이것이 '블루코트' 작전(Operation 'Bluecoat')이다. 이들의 정면에는 스위스 노르망디 최악의 지형이 펼쳐져 있었고, 이곳은 역시 브리타뉴에서 이동해온 74군단의 작전구역이었다. 8월 2일 엡섬 작전에 대응할 때와 똑같은 방법으로 폰 클루게는 2친위기갑군단을 전선의 동쪽에서 차출해 오코너의 전진을 저지하는 데 투입했다. 당시 오코너의 부대는 비르에서 2마일(3킬로미터) 못 미친 곳에 정지해 있었다. 30군단의 진격이 너무도 느려 몽고메리는 버크날을 브라이언 호럭스(Brian Horrocks) 중장으로 교체했다. 그는 서부 사막 전투에서도 몽고메리의 휘하에서 30군단을 지휘했던 경험이 있었다. 몽 팽송은 마침내 8월 6일에 함락되었고, 같은 날 영국군과 나란히 공격에 참여했던 미 19군단은 비르를 함락했다.

한편 패튼의 미 3군은 거의 아무런 저항도 받지 않은 채 진격을 계속했다. 8월 1일, 8군단의 선봉 부대들은 렌에 도착했다. 8월 3일, 브래들리는 몽고메리의 승인 하에 패튼에게 최소한의 병력만을 브리타뉴로 보내고 3군은 서쪽으로 진격하라는 명령을 내렸다. 8월 8일, 새롭게 편성된 패튼의 15군단이 르망에 도착함으로써 58기갑군단과 81군단(전부 합쳐서 9개 기갑사단과 몇 개 전투단으로 구성된 부대들)을 우회하는 데 성공했다. 이와 동시에 20군단은 낭트(Nantes)를 향해 남진하고 있었으며, 12군단이 그 뒤를 따랐다. 이제 미군이 기동력의 진가를 발휘할 순간이 온 것이다.

　8월 3일, 아돌프 히틀러는 폰 클루게의 끊임없는 후퇴 명령 요구를 거부한
채, 오른 강과 비르 강 사이의 전선을 오직 보병사단이 방어하도록 명령을 내
렸다. 이렇게 하면 적어도 4개 기갑사단이 자유롭게 되어, 코탕탱 반도의 기
저를 서쪽으로 가로질러 아브랑슈를 향해 역습을 감행할 수 있었다. 이 작전
이 성공하면 패튼의 부대를 둘로 분리시키면서 연합군의 돌파구를 봉쇄할 수
있었다. 2친위기갑군단은 비르에서 영국군을 상대하고 있었기 때문에, 47기
갑군단 본부가 공격을 조율하는 역할을 맡았다. 이 군단은 2기갑사단과 기갑
교도사단, 1친위기갑사단, 2친위기갑사단, 116기갑사단, 17친위기갑척탄병
사단의 잔여 병력으로 구성되어 있었다. 전차의 수는 전부 합쳐 185대를 넘지
못했다. 벨기에 도시 리에주(Liège)의 독일식 발음인 뤼티히(Lüttich)를 암호명
으로 한 공격은, 모르탱에서 출발하여 먼저 미 7군단을 상대하게 되어 있었
다. 이것은 롬멜이 이전에 연합군의 강력한 공군력 앞에서 절대 불가능하다
고 단언했던 바로 그런 종류의 기계화 기동전이었고, 히틀러를 제외하고 그

누구도 이 작전의 성공을 기대하지 않았다. 116기갑사단의 사단장은 이 공격에 그의 사단을 참가시키는 것을 거부한 대가로 보직에서 해임되었다.

'울트라' 암호해독기 덕분에 연합군은 모르탱 역습을 몇 시간 전에 알 수 있었다. 반격은 8월 6일 야간에 미 30사단을 공격하면서 시작되었다. 이날, 연합군 전술공군 전력 거의 대부분이 노르망디에 집결했고, 아이젠하워는 브래들리에게 설사 독일군이 미군 전선을 돌파하는 데 성공해도, 공군이 그의 병력에게 보급과 지원을 할 것이라고 보장했다. 독일군이 모르탱을 점령하는 데 성공하기는 했지만, 마을 동쪽에 있는 중요한 고지대인 317고지를 점령하는 데는 실패했다. 그 고지는 보강된 30사단 소속 대대가 방어하고 있었으며, 동이 트자, 독일군은 영국군 및 미군 전폭기에게 끊임없이 시달렸다. 독일군 전차 70대는 7군단의 전선을 돌파했지만, 저녁이 되자 30대로 줄었다. 5개 기갑사단은 돌파구 사이에 88밀리미터 대전차포 8문만을 남겨두었고, 불과 5마일(8킬로미터)도 전진하지 못한 채 연료가 떨어져 정지했다.

8월 9일, 히틀러는 폰 클루게와 하우저의 더 강력한 반대에도 불구하고 47기갑군단에게 현재 위치를 사수하라고 명령했다. 에버바흐 대장은 5기갑군의 지휘권을 1친위기갑군단장인 디트리히 친위상급대장에게 넘겨주고, B집단군의 나머지 기갑부대를 집결시켜 새로운 부대, 에버바흐 기갑집단을 만들었다. 부대의 규모 때문에 이 부대는 행정상 하우저의 7군에 배속되어 8월 11일 공격에 나설 예정이었다. 우선 남서쪽으로 진격하다가 북서쪽으로 방향을 돌려 아브랑슈까지 진격할 계획이었다.

8월 11일~25일, 포위

울트라 암호해독기를 통해 연합군은 24시간 만에 독일군이 모르탱에서 후퇴하지 않기로 결정했다는 사실을 알았다. 8월 6일, 몽고메리는 조직적인 독일군의 후퇴를 원거리에서 포위하도록 명령을 하달했다. 우선 캐나다 1군이 남쪽으로 공격을 개시해 팔레즈로 나간 다음, 다시 동쪽으로 방향을 돌려 센 강을 향하기로 했다. 영국 2군은 남동쪽으로 밀고 나가 아르장탕(Argentan)에 도착한 뒤, 역시 동쪽으로 방향을 전환하기로 했다. 브래들리의 미 12집단군은 동진을 계속하다가 북동쪽으로 방향을 전환하여 파리로 향하기로 되어 있었다. 뤼티히 작전의 실패로 '짧은 훅'을 휘두를 수 있는 가능성이 열렸고, 이에 성공하면 B집단군 전체를 현 위치에서 포위할 수 있었다.

8월 8일, 브래들리는 몽고메리, 아이젠하워와 함께 작전회의를 가졌다. 그리고 패튼에게 14군단을 북진시켜 알랑송을 향하게 함으로써 포위망의 남쪽 날개가 되도록 조치를 취했다. 동시에 7군단은 독일 47기갑군단의 잔여 병력을 계속 뒤로 밀어냈다. 8월 11일 몽고메리는 새로운 명령을 내렸다. 캐나다 1군이 팔레즈와 아르장탕을 점령하고 그러는 동안 12집단군은 알랑송에서 아르장탕으로 이동하여 포위망을 완벽하게 형성하기로 했다. 항상 조심스럽던 몽고메리는 아직 모르탱 지역에 머물고 있는 독일 기갑부대의 전력이 걱정되었던 것이다.

8월 7일 야간에 캐나다 군이 캉에서 남쪽으로 공격을 개시함으로써, 암호명 '토털라이즈' 작전(Operation 'Totalize')이 시작되었다. 영국 폭격기 사령부의 지원 하에 캐나다 2군단이 독일군 89사단을 공격하자, 이들은 황급히 무장친위대 12기갑사단으로부터 증원을 받았다. 4개 캐나다 기갑사단과 1개 폴란드 기갑사단으로 구성된 크레러 중장의 예비부대는 전투 경험이 없는 신참 부대로 노르망디에 도착한 지 얼마 되지 않았다. 그들의 전진은 대단히 느렸다. 캐나다 기갑연대 중 하나는 완전히 길을 잃고 헤매다가 독일군에게 괴멸당했다. 수적 우세에도 불구하고 캐나다 군은 8월 11일에 9마일(15킬로미터)을 전진하다가 팔레즈까지 반밖에 가지 못하고 멈췄다.

다음날, 미 15군단의 선봉 부대(프랑스 2기갑사단을 포함한 2개 보병사단과 2개 기갑사단)가 아르장탕에 도착했다. 8월 14일, 캐나다 1군은 공세를 재개하여 암호명 '트랙터블' 작전(Operation 'Tractable')을 시작했다. 3일 뒤에는 독일군 전선을 돌파해 팔레즈에 도착했다. 미군의 진지까지 북쪽으로 12마일

8월 3일, 비르 강의 북쪽에서 영국 3사단과 미 2사단이 연계에 성공했다 이것은 미 3군이 전과를 확대하는 데 든든한 어깨가 되어주었다. 미 2사단 병사가 영국 6파운드 대전차포 포병에게 다가가 말을 걸고 있다. 양측 병사의 계급장과 오른쪽에 있는 브렌 기관총을 주목하라. 멀리 스위스 노르망디 지역의 전형적인 모습이 보인다.(대영제국 전쟁박물관 사진번호 B8985)

(18킬로미터)을 남겨둔 상태였다. 독일 7군과 에버바흐 기갑집단, 5기갑군이 커다란 골짜기 속에 갇혀버린 형상이 되었고, 그들의 유일한 탈출로는 팔레즈 협곡뿐이었다.

캐나다 군의 진군 속도가 더딤에도 불구하고, 브래들리는 15군단을 아르장탕 북쪽으로 계속 진격시켜 팔레즈 협곡을 봉쇄하도록 승인해 달라는 패튼의 8월 13일 요청을 거절했다. 이로 인해 또 다른 논쟁이 야기되었다. 미 3군이 북쪽으로 돌진하면서 미 1군 전선은 대부분 쥐어짜듯 길게 늘어났고, 15군단은 미 1군이 인수할 때까지 아르장탕의 전선을 지키라는 명령을 받았다. 브래들리는 다시 한 번 지나친 위험이 따르지 않는 방책을 택했다. 그의 부대가

N

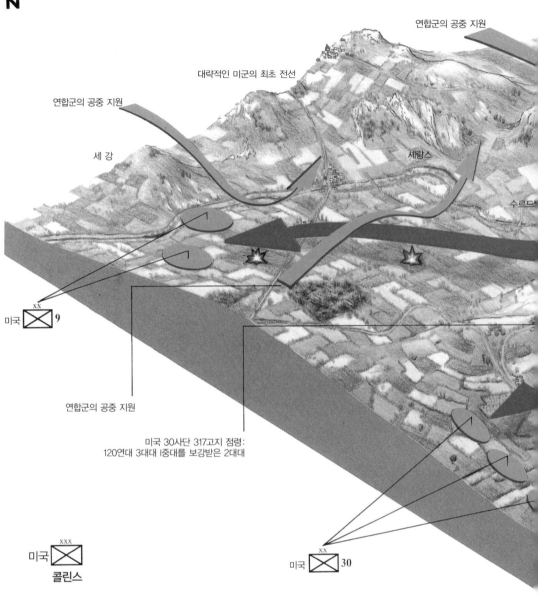

연합군의 공중 지원

대략적인 미군의 최초 전선

연합군의 공중 지원

세 강

세랑스

수르드

미국 ⊠ 9

연합군의 공중 지원

미국 30사단 317고지 점령:
120연대 3대대 I중대를 보강받은 2대대

미국 ⊠ 콜린스

미국 ⊠ 30

모르탱 역습

1944년 8월 7일, 새벽 05:00시

독일 $\underset{XXX}{\bigcirc}$ 47군단

폰 푼크

독일 $\underset{XX}{\bigcirc}$ 116기갑사단

$\underset{XX}{\bigcirc}$ 2기갑사단,
기갑교도사단

독일 $\underset{XX}{\bigcirc}$ 1친위기갑사단

$\underset{XX}{\bigcirc}$ XX/2기갑사단
(17기갑척탄병사단과
275사단의 부대 포함)

독일 탱크군은 연합군의 전투 폭격기의 공격으로
엄청난 피해를 입었다.

셀륀 강

모르탱

8월 8일, '토탈라이즈' 작전 중 폴란드 1기갑사단의 셔먼 파이어플라이가 진격 명령을 기다리고 있다. 'PL'이라는 부대 표시는 폴란드의 윙드 후사르(Winged Hussar)와 함께 사용되었다. 폴란드 1기갑사단은 영국군이 장비를 지원하고 조직했으며, 1939년 영국으로 탈출한 폴란드인으로 구성되었다. 이 사단은 바르샤바에서 독일에 저항하는 폭동이 일어난 지 불과 며칠 뒤 노르망디에 투입되었다. 바르샤바 폭동은 결국 실패하고 말았다.(대영제국 전쟁박물관 사진번호 B8826)

북진하여 팔레즈로 향할 경우, 좁게 확장된 그의 전선은 양 측면에서 동시에 역습을 당할 위험이 있었다. 독일군은 동부 전선에서 소련군에게 포위를 당해본 경험이 많았지만, 점점 줄어드는 독일군의 전투단에 대항해 연합군이 동원한 엄청난 공군력이 뒤따르는 그런 대규모 포위전은 아니었다. 반면에 연합군은 그처럼 대규모 포위전을 실행하기 위한 훈련을 받은 적이 없음은 물론, 실제로 적용해본 적도 없었다. 비록 공습 때문에 독일군의 전력이 계속 줄어들고는 있었지만, 연합군조차 인정하는 독일군의 전술적 우월성 때문에 독일군은 지상에서 봉쇄망이 닫히는 사태를 막을 수 있었다.

노르망디의 상황이 어떻게 변하고 있는지 아랑곳하지 않은 채, 아돌프 히틀러는 라스텐부르크에서 아직도 승리가 가능하다고 여기며 전쟁을 지휘했

8월 3일, 영국군 15(스코틀랜드)사단 로열 스콧 퓨질리어 연대 6대대 소속 매컬로치(McCulloch) 원사가 블루코트 작전 수행 중 옥수수 밭을 통과하고 있다. 이 무렵 15사단은 이미 6주째 전투에 참가하고 있는 베테랑 부대였다. 그가 기관단총이 아니라 총검을 착검한 라이플을 소지하고 있다는 사실은 많은 내용을 시사한다. 또한 매컬로치 원사는 어깨의 계급장을 제거하거나 더럽혀, 일반 사병과 분간하기 힘들었다.(대영제국 전쟁박물관 사진번호 B8558)

다. 8월 12일, 에버바흐 기갑집단은 아르장탕 협곡의 남쪽 언덕에 집결했다. 하지만 전선이 계속 붕괴되면서 미 15군단에 대항한 기갑부대의 결정적인 역습 시도는 겨우 전차 45대와 병력 4,000명을 보충하는 부대 이동 수준에 그쳤다. 8월 15일, 육군 원수 폰 클루게가 여러 사령부를 차량으로 이동하던 중 연합군 전폭기의 공습으로 계곡에서 실종되었다. 히틀러는 폰 클루게 대신 하우저를 B집단군 임시 지휘관에 임명했다.

같은 날, 남프랑스 지역에 대한 연합군의 상륙작전인 '드라군' 작전(Operation 'Dragoon')이 시작되었고, 히틀러는 훗날 이 날이 자신의 인생에

연합군 원정군 최고사령부

아이젠하워의 대리
몽고메리

21
몽고메리

디에프

아미엥

생 발레리 앙 코

네프샤텔

위베토

XXXX
폰 장엔

구르네

보베

셰르부르

르 아브르

XXXX
크레러

르 아브르

루앙

엘뵈프

레 장들리스

아로망슈 쿠르쇠유

위스트르암

카부르

리지에

베르네

루비에르

베르농

저지 섬

카랑탕

르세

미군
XXXX
호지스

생 로랑

XXXX 21
뎀프시

영국
2군
캉

XXX
캐나다
2군단

XXXX
디트리히

5 오르벡

XXXXXX
서부전구
최고사령부
겸 B집단군
폰 클루게

생 로 12

쿠탕스

XXX 5

XXX 30

XXX
12

1

팔레즈

디트리히

에브뢰

베르사유

파리

그랑빌

XXX 19

비르

XXX 8*

플레르

XXXX XXXX
하우저

아르장탕

가스

에바바흐
전차집단

XXXX
에바바흐

드뢰

외르 강

샤르트르

에탕프

생 말로

아브랑슈

XXX 7

모르탱

동프롱

미군
미3군

마옌

알랑송

노장

디낭

XXX 8

푸제르

XXX 15

렌

라발

라 플레슈

르망

XXX 12

XXX 20

빌렌 강

샤토브리앙

XXXXX
브래들리

앙제

루아르 강

세르트 강

오를레앙

샤토덩

루아르 강

루아르 강

XXXX
패튼

블루아

| 0 | 10 | 20 | 30 | 40 | 50 Miles |
| 0 | 20 | 40 | 60 | 80 Km |

서 최악의 날이었다고 회상했다. 드라군 작전은 오버로드 작전을 지원하는
것이 목적이었으나, 너무 늦게 실행되어 노르망디 전투와 어떤 연관성을 갖
기가 어려워졌다. 사실은 G집단군에서 병력을 빼내어 노르망디 전선을 강화
한다는 것은, 드라군 작전 부대의 진격이 쉬워진다는 것을 의미했다. 자신의
사령부에 다시 모습을 드러낸 폰 클루게는 독일 국방군 총사령부에 팔레즈
협곡을 더 이상 지킬 수 없다는 사실을 알렸다. 8월 16일, 히틀러는 마침내 군

미리 준비한 방어진지에서 밀려난 뒤에도, 독일군은 노르망디의 농가나 작은 마을 등을 방어 거점으로 이용했다. 사진은 8월 10일 농가 전투 및 저격병 제거 훈련을 하고 있는 영국 8군단 병사들의 모습을 담은 것으로, 팔레즈로 진군하던 캐나다 군을 지체하게 만들었던 바로 그 상황을 재현하고 있다. 이 단계의 노르망디 전투에서 보병들 대부분이 소속 연대나 사단 표시를 모두 뗀 상태라는 점과, 자동화기를 더 많이 보유했다는 사실에 주목하라. 이 사진에서 병사 3명 가운데 2명이 스텐 기관단총으로 무장했다.(대영제국 전쟁박물관 사진번호 B8964)

대를 철수시키는 데 동의했다.

그러나 때는 이미 늦었다. 물론 그 이전에 철수를 하기 위해 어떤 시도를 했다 하더라도, 독일군은 엄청난 피해를 입었을 것이다. 8월 17일에 전진을 재개한 캐나다 2군단과 미 5군단은 협곡 입구의 간격을 수 킬로미터 내로 좁히고, 8월 20일에 양 방향에서 끊임없이 계속된 독일군의 공격에도 불구하고 협곡을 봉쇄했다. 8월 18일 히틀러는 서부전구 최고사령부와 B집단군의 사령관으로 폰 클루게 대신 육군 원수 발터 모델을 임명했는데, 그는 자신이 대규모 패주를 이끌어야 하는 상황에 처했다는 사실을 잘 알고 있었다. 라스텐부르크로부터 소환 명령을 받은 폰 클루게는 자살했다. 친위상급대장 하우저는 8월 20일에 큰 부상을 입고 한쪽 눈을 잃었다. 그는 협곡으로부터 탈출하

팔레즈 협곡에서 탈출한 독일군조차 연합군의 공군력 앞에 안전하지 못했다. 사진은 8월 19일 팔레즈 동쪽 7마일 (12킬로미터) 떨어진 클랭샹 마을 인근 도로에서 연합군 2전술공군의 폭격에 걸려든 독일군 종대의 모습이다. 폭격을 당한 차량에서는 연기가 피어오르고, 다른 차량들은 초목지대를 가로질러 탈출을 하려고 기를 쓰고 있다. 이전 공습으로 생긴 폭탄 구멍을 주목하라.(대영제국 전쟁박물관 사진번호 CL838)

노르망디 1944

팔레즈 협곡 내부와 인근에서 파손된 독일 차량 수를 조사하고 있는 연합군 병사들의 모습으로, 9월 초일 가능성이 높다. 캐나다 군과 미군이 차량의 잔해를 길 밖으로 밀어냈고, 시체는 매장하기 위해 따로 수습하고 있다. 정면에 있는 잔해는 전소된 독일 반무한궤도 장갑차인 것 같다. 협곡의 지형은 탁 트인 평야에서부터 사진 속에 나오는 보카주까지 다양했다.(대영제국 전쟁박물관 사진번호 CL909)

는 데 성공했지만, 7군은 완전히 사라져버렸다. 에버바흐는 남은 독일군 대형을 동쪽으로 이끌었으나, 8월 30일 생포되었다.

8월 22일, 팔레즈 협곡에서 모든 저항은 사라졌다. 이틀 뒤 아이젠하워는 죽어서 썩고 있는 시체들로만 가득한 도로가 몇 백 미터나 이어졌다고 기록했다. 시체 썩는 냄새는 상공에서 비행하는 비행기 조종실에까지 스며들 정도였다. 연합군은 자신들의 파괴력이 얼마나 컸는지 평가조차 할 수 없었다. 대략 독일군 1만 명이 전사하고, 5만 명이 투항했으며, 2만 명이 도주했다. 이

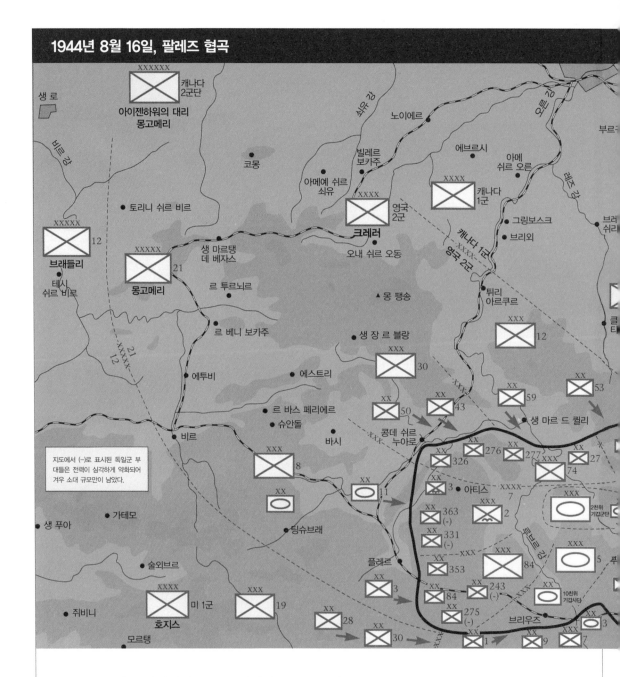

들 모두가 독일인이었던 것은 아니다. 노르망디 전투의 마지막 단계에서 폴

란드 1기갑사단은 영국군 군복을 트럭에 가득 실어 날랐다. 폴란드 태생 동방

대대 포로들은 이것으로 갈아입고 자신의 옛 상전들을 상대로 전투에 나섰

다. 연합군의 집계에 따르면, 전차와 자주포를 합해 567대와 950문 이상의 대

포, 각종 차량 7,700대가 부서진 채 협곡에 버려져 있었다고 한다. 전투에 참

가한 독일군 38개 사단 중 25개가 완전히 전멸했다. 이들 사단들 중에서 2기갑사단과 21기갑사단, 116기갑사단, 1친위기갑사단, 2친위기갑사단, 9친위기갑사단, 10친위기갑사단, 12친위기갑사단, 이 8개 전투단은 전차 70대와 대포 36문, 약체화된 16개 보병대대를 건질 수 있었다. 기갑교도사단과 9기갑사단은 전멸했다. 이와 동시에 B집단군의 운명 역시 마찬가지였다. 전멸을 면한 사단은 붕괴하여 뿔뿔이 흩어졌다. 영국 12군단은 동쪽으로 진군하면서 자신들이 전선에서 각기 다른 13개 사단 출신의 포로를 사로잡았다는 사실을 알게 되었다.

노르망디에서 롬멜과 폰 클루게, 모델의 휘하에 있었던 병력은 모두 100만 명 이상으로, 그 중 사상자 수는 24만 명에 달했고, 추가로 20만 명이 포로가 되거나 실종되었다. 독일군은 전차 1,500대와 각종 대포 3,500문, 차량 2만 대, 그리고 항공기 3,600대를 잃었다. 죽거나 곧 도살해야 할 필요가 있는 말의 수는 얼마나 되는지 아무도 몰랐다. 8월 말, 연합군은 노르망디에 39개 사단 205만 2,299명의 병력, 43만 8,471대의 차량, 그리고 309만 8,259톤의 보급품을 상륙시켰다. 연합군은 20만 9,672명의 사상자가 발생했으며, 이 중 전사자 수는 3만 6,976명이었다. 또한 전투를 수행하거나 지원 임무를 수행하는 도중 항공기 4,101대와 승무원 1만 6,714명을 잃었다.

8월 17일, 미 15군단은 아르장탕 전선을 미 5군단에게 넘겨주고, 미 3군과 다시 합류하여 동쪽으로 달렸다. 8월 19일 밤, 패튼이 이끄는 79사단은 센 강을 건넜다. 8월 25일, 드디어 연합군에 속한 4개국 병력이 모두 센 강을 따라 정렬했다. 그리고 같은 날, 프랑스 2기갑사단이 파리를 해방시켰다. 이 날은

8월 25일, 팔레즈 협곡에서 죽은 독일군 운송용 말들의 시체. 노르망디에서 완벽하게 차량화된 연합군은 독일군보다 유리한 위치에 설 수 있었다. 독일은 선전용 영상물이나 사진에서 말들의 모습을 거의 보여주지 않았지만, 전쟁 기간 내내 그들은 수송의 상당 부분을 말에 의존했다.(대영제국 전쟁박물관 사진번호 B9668)

8월 25일 오후, 군중들이 파리 해방을 축하하는 가운데 프랑스 2기갑사단의 화이트 장갑차들이 샹젤리제에서 퍼레이드를 벌이고 있다. 병사들의 경직된 표정은 아마도 인근에서 아직도 저격병이 출몰하고 있고 시가전이 전개되고 있는 상황과 무관하지 않을 것이다.(대영제국 전쟁박물관 사진번호 BU124)

D+80일로, 몽고메리가 '오버로드' 작전에서 처음 계획한 일정보다 약간 앞선 시점이었다. 이로써 노르망디 전투는 끝이 났다.

전투의 여파

1944년 9월 1일, 아이젠하워는 공식적으로 몽고메리로부터 연합군 원정군 최고사령부 예하 유럽 주둔 전지상군 지휘권을 인수했다. 이로 인해 몽고메리는 크게 실망했다. 이에 대한 보상으로 처칠은 몽고메리를 승진시켜 아이젠하워보다 한 계급 높은 원수로 임명했고, 그를 위해 별 다섯 개짜리 장성지위인 원수 계급을 신속하게 만들었다. 그 동안 연합군 선봉은 사실상 무저항 상태에서 독일을 향해 진격했다. 8월 29일에 미 3군은 샬롱 쉬르 마른(Chalons-sur-Marne)을 해방시켰고, 8월 31일에 선두 전차들이 베르됭(Verdun)에서 뫼즈 강을 건넜다. 영국 2군은 9월 3일에 브뤼셀, 다음날인 9월 4일에 안트베르펜을 해방시켰다. 연합군 지휘관들은 전쟁이 한두 달 후에 끝날 것이라는 낙관론을 펼쳤다.

그러나 아이젠하워는 곧바로 어려운 선택을 해야 하는 상황에 처했다. 독일군 수비대가 아직 브르타뉴와 파 드 칼레의 항구를 점유하고 있는 마당에,

연합군의 모든 보급물자가 노르망디 반도를 가로질러 오고 있었기 때문이다. 보급물자 계획자들은 그렇게 빠르게 전진하면 보유 병참으로는 4개 군을 모두 지탱할 수 없다고 보고했다. 원래 '오버로드' 작전은 독일군의 집중 돌파에 의한 반격을 두려워해 전 전선에서 일제히 진격하는 전략을 취했다. 몽고메리는 거의 불복종에 가까울 정도로 아이젠하워에게 강한 압력을 행사하며 최초의 전략을 거의 포기하다시피 하는 작전을 수행하려고 했다. 미 3군을 정지시키는 대신 북쪽으로 진격하는 영국 2군에게 진격의 우선권을 주고 미 1군은 그들을 지원한다는 것이 요지였다. 일주일도 안 되어 패튼이 브래들리의 지원에 힘입어 정반대의 전략, 즉 프랑스 동부로 진격 중인 그의 미 3군에게 우선권을 달라고 강력히 요청했다. 이들 모두가 바라는 것은 하나, 크리스마스 전에 라인 강을 건너 독일의 핵심 산업지대인 루르에 최초로 진입하는 것이었다.

하지만 아이젠하워는 연합군의 보급 능력이 진격 중에 있는 1개 군이라도 지원할 수 있는 정도인지 의문스러웠다. 연합군의 결속과 안전을 이유로 그는 전 전선이 고르게 전진하는 전략을 지속하기로 했는데, 이는 정치적으로는 옳았으나 전략적으로는 논쟁의 여지가 있는 결정이었다. 보통 때는 신중한 몽고메리조차 아이젠하워의 마음을 돌리려고 애쓰면서, 9월 17일 '마켓 가든' 작전(Operation 'Market Garden')을 통해서 라인 강을 건널 교두보를 마련하고자 했다. 이 작전에서 연합군 1공정군의 3개 공정사단이 낙하하여 네덜란드 북부 지역을 따라 카펫을 깔면, 영국 30군단이 그 길을 따라 아른헴(Arnhem)까지 진격할 계획이었다. 이 작전은 참담한 실패로 돌아갔으며, 몽고메리는 주요 전투에서 첫 번째이자 유일한 패배를 경험했다. 몽고메리는 이 작전을 90퍼센트는 성공한 작전이라고 말했다.

9월 말, 연료 부족으로 전체 연합군의 전진 속도가 느려지자, 이를 틈타 독일군이 전선을 강화할 수 있는 시간을 벌었다. 결국 이듬해 봄에 연합군이 공세를 재개하기 전까지 그들은 라인 강을 건너지 못했다. 하지만 노르망디

프랑스 피난민들이 노르망디의 집으로 돌아가고 있다. 이 사진은 7월 5일에 찍은 것이다. 그들의 운송수단은 독일군에게 징발당해 위장색을 칠한 마차로, 지역 주민이 그것을 회수해 두 마리 말이 끌게 하고 있다. 어린 소년이 영국군 철모를 쓰고 있는 것을 주목하라.(IWM 사진 B6483)

전투 이후, 유일한 관심의 대상은 누가 승자가 될 것인가가 아니라, 언제 전쟁이 끝날 것인가였다. 1945년 5월 8일, 독일은 연합군에 무조건 항복했다.

노르망디 전투에서 연합군 지휘관들이 내린 결정들은 수많은 논쟁의 대상이 되었다. 그 결정들은 유럽의 거의 모든 지역을 장악했던 적에게 눈부신 완벽한 승리를 거두기에는 분명 충분하지 않았다. 비난의 화살은 대부분 몽고메리에게 향했다. 그는 어리석게도 노르망디 전투를 완벽하게 수행했다고 주장했다. 그는 노르망디 전투를 ―그가 지휘했던 다른 모든 전투와 마찬가지로― 정확한 기본 계획에 따라 수행했으며 자신은 거기서 단 한 치도 벗어나지 않았다고 주장했다. 이는 몽고메리의 성격을 보여주는 한 일례로, 그의 주장과는 반대되는 확실한 증거가 있는데도 불구하고, 그는 자신의 주장에 부합하는 증거를 찾았다. 노르망디 전투에서 그는 명령 계통의 최고 정점에 있었으며, 만약 전투에 패했다면 그 책임을 져야 하는 그런 자리에 있었다. 따

노르망디 1944

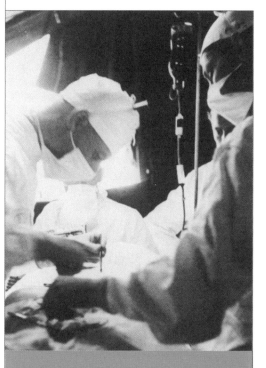

영국 의무대의 C. J. 고든(Gordon) 소령이 6월 20일 레비에르(Reviers) 근처에 있는 영국 1군단 32사상자치료소에서 수술을 하고 있다.(IWM 사진 B5907)

라서 승리의 공로 또한 당연히 그의 것이다. 뛰어난 정치력을 갖춘 지휘관인 아이젠하워에게도 승리의 공이 돌아가야 한다(아이젠하워는 1952년 미합중국 대통령에 당선된 뒤, 재선에 성공했다). 전쟁에서 살아남은 독일 지휘관들은 패배를 히틀러 탓으로 돌리는 행복을 누렸다. 그들 중 몇몇은 도저히 믿을 수 없을 정도로 거만한 태도로 자신을 그렇게 철저히 패배시킨 사람들에게 자기라면 이러이러한 식으로 더 잘해냈을 거라고 강의를 하려 들기까지 했다.

독일군이 노르망디 전투에서 이길 수도 있었을까? 독일군이 제대로 된 첩보 기관을 가지고 있었더라면 '포티튜드' 작전의 정체를 꿰뚫어볼 수도 있었을지 모른다. 지휘 구조를 합리적으로 고치고, 보급 및 훈련 상태를 개선할 수도 있었다. 연합군은 우세한 공군이 없었다면, 침공을 시도할 수 있었을 것이다. 하지만 이런 가정도 가능하다. 독일군이 Me262 제트 전투기를 충분히 생산해서 실전에 배치했다면, D-데이 이후에 적어도 제공권에서 균형을 유지할 수 있었을지도 모른다. 실제로 이 전투기는 이미 공군에서 사용하고 있었다. 소수의 '전시용' 사단을 희생시켜 전반적으로 평균 전력을 향상시키면서 기갑부대를 비교적 약체인 보병사단과 혼합하는 방법도 있었다. 잠수함이나 수상함을 만들어 영국 해협을 가로지르는 주요 해상 통로를 끊는 방법도 있었다. 독일군이 취할 수 있는 방법은 얼마든지 있었다.

그러나 실제로 전투가 벌어진 상황에서 그들이 전투에서 승리하기 위해 할 수 있는 일은 아무것도 없었다. 노르망디 전투가 벌어진 단계에서 지휘부

12친위기갑사단 25친
위기갑척탄병연대의 어
린 기관총 사수의 싸늘
한 시체가 참호에 누워
있다. 7월 9일, 노르망
디 말롱(Malon)에서
촬영한 사진이다.(IWM
사진 B6807)

의 능력은 그런 상황이 발생하지 않게 하는 데 있었다. 고착 방어와 기동 방
어를 두고 롬멜과 룬트슈테트가 벌였던 논쟁도 실제 전투와는 별 관계가 없
었다. 사실 노르망디에서 독일군 장군들이 보여준 지휘 능력은 그리 훌륭하
지 않았다. 1945년 교통사고로 사망한 패튼이라면 그들에게 창의성에 관해
서, 그리고 명령에 대한 독단권을 행사함으로써 어떻게 훌륭한 결과를 얻어

낼 수 있는지를 가르쳐줄 수 있을 것이다.

최고 지휘부를 제외하면 연합군의 공군과 포병은 노르망디 전투를 승리로 이끈 핵심 요인이었다. 그러나 그것만이 다는 아니었다. 독일군이 그들의 예비대를 소진하도록 연합군이 공격을 가함으로써 독일군의 보급과 증원을 차단했던 것 역시 승리의 주요 요인이었다. 연합군의 보병과 전차 승무원들은 독일군 정예 병력에 비해 그들 자신이 열세임을 자각하고 있었고, 자신이 본 모든 독일 전차가 다 티거 전차로 보일 정도였지만, 공세를 지속하는 과정에서 대단한 용기를 보여주었다.

하지만 독일군은 그들이 싸운 전장의 지형을 이용했고, 이것은 그들의 전력에 상당히 도움이 되었다. 제1차 세계대전의 참호나 태평양 전선의 정글처럼, 보카주 지형은 그 자체로 얕잡아볼 수 없는 적이었다. 독일군이 보카주 속에서 공격을 가했을 때 연합군보다도 성공할 확률이 적었고, 이 지형의 보호가 없었다면 빠른 속도로 무너졌을 것이라는 사실은 주목할 만하다.

군대는 그 사회를 반영한다는 말이 있다. 전쟁에서 거의 진 일이 없는 영국군은 흔히 잘못된 겸손의 표현으로 적군을 칭찬하면서 스스로를 깎아내린다. 그들의 태도는 "그들은 세계 최고의 군대이다. 우리가 그런 군대를 상대하게 되다니 이 얼마나 불쌍한 일인가!"라는 식의 인상을 준다. 미군은 다른 사람을 희생시켜가며 자기자랑을 하며, 라이벌보다는 차라리 적의 장점을 인정한다. 독일군은 전쟁을 일종의 도덕극으로 바꾼다. 단순한 인간이 기계라는 비인간적 힘에 대항해 초인적인 힘으로 싸우다가 비극적 패배를 당한다는 식이다. 만약 미군이 자신들의 말처럼 훌륭하고, 영국군이 자신들의 말처럼 형편없고, 독일군이 모두의 말처럼 훌륭했다면, 노르망디 전투는 우리가 알고 있는 것과 같이 전개되지는 못했을 것이다.

:: 연 표

1939년 9월 3일	영국과 프랑스, 독일에 선전포고.
1940년 5월 10일	독일, 프랑스와 베네룩스 3국 침공.
1940년 6월 3일	프랑스에서 마지막 영국군 철수.
1940년 6월 10일	이탈리아, 영국과 프랑스에 선전포고.
1940년 6월 22일	프랑스, 독일과 정전협정에 서명.
1941년 6월 22일	독일과 추축국, 소련에 선전포고.
1941년 12월 7일	진주만 공습. 일본, 영국과 미국에 선전포고.
1941년 12월 12일	독일, 미국에 선전포고
1942년 8월 19일	디에프 기습작전 연합군의 첫 상륙작전은 대실패로 끝남.
1942년 11월 8일	'토치' 작전(Operation 'Torch') 실시. 북아프리카에 미군 상륙
1942년 11월 10일	독일, 프랑스의 비시 정권 관할지역 점령.
1943년 7월 10일	'허스키' 작전(Opration 'Husky') 실시. 시칠리아에 연합군 상륙.
1943년 9월 8일	'애벌랜셰' 작전(Operation 'Avalanche') 실시. 이탈리아에 연합군 상륙. 이탈리아, 무조건 항복.
1943년 12월 6일	아이젠하워, 프랑스 침공작전인 '오버로드' 작전을 위한 연합군 원정군 최고사령관에 임명됨.
1944년 1월 22일	'싱글' 작전(Operation 'Shingle') 실시. 연합군, 이탈리아 안치오에 상륙.
1944년 5월 15일	연합군 원정군 최고사령부, '오버로드' 작전 최종 회의.
1944년 6월 6일	'오버로드' 작전 D-데이. 노르망디 전투 시작.
1944년 6월 11일	히틀러의 명령, 독일군의 어떠한 퇴각도 불허.
1944년 6월 12일	미 1군, 카랑탕 점령.
1944년 6월 13일	영국 2군, 빌레르 보카주 장악. V-1 미사일, 처음으로 런던과 잉글랜드 남부 폭격.
1944년 6월 16일	히틀러의 명령, 노르망디 전선 증원.
1944년 6월 17일	미 1군, 코탕탱 반도 서쪽 해안의 바른빌 점령. 히틀러, 수아송으로 롬멜과 폰 룬트슈테트 방문.
1944년 6월 19일~22일	거대한 폭풍이 노르망디 해안을 덮침.
1944년 6월 25일	영국 30군단, '던트리스' 작전(Operation 'Dauntless') 실시.
1944년 26일~30일	영국 8군단, '엡섬' 작전(Operation 'Epsom') 실시.
1944년 6월 27일	미 7군단, 셰르부르 항구 점령.
1944년 6월 28일	독일 7군 사령관 프리드리히 돌만 상급대장 자살. 친위상급대장 파울 하우저가 후임자가 됨.

1944년 7월 2일	서구전부 최고 사령부 게라트 폰 룬트슈테트 원수를 귄터 폰 클루게로 교체.
1944년 7월 3일	미 1군, 생 로를 향해 남쪽으로 공격 개시.
1944년 7월 6일	서부전구 기갑군단 레오 프라이어 가이어 폰 슈베펜부르크 장군을 하인리히 에버바흐 장군으로 교체.
1944년 7월 7일~8일	영국 1군단, '찬우드' 작전(Operaton 'Charnwood')으로 캉 북쪽 점령.
1944년 7월 10일	영국 8군단, '주피터' 작전(Operaton 'Jupiter') 실시. 몽고메리 브르타뉴 돌파작전 지시.
1944년 7월 15일	영국 30군단과 영국 12군단, '그린라인' 작전(Operaton 'Greenline') 실시.
1944년 7월 17일	에르빈 롬멜 원수 부상. 서부전구 최고사령관 귄터 폰 클루게 원수, B집단군 사령관 겸임.
1944년 7월 18일~20일	'굿우드' 작전(Operaton 'Goodwood'). 영국 8군단, 캐나다 2군단, 영국 1군단, 캉의 나머지 지역 점령.
1944년 7월 19일	미 1군, 생 로 점령.
1944년 7월 20일	히틀러 폭탄 암살 미수.
1944년 7월 23일	캐나다 1군 현역화.
1944년 7월 24일	미 7군단, '코브라' 작전(Operation 'Cobra')을 위한 사전작전 시작.
1944년 7월 25일~28일	미 7군단, '코브라' 작전 실시. 보카주 돌파.
1944년 7월 25일	캐나다 2군단, '스프링' 작전(Operation 'Spring') 실시.
1944년 7월 30일	영국 2군, '블루코트' 작전(Operation 'Bluecoat') 실시. 미 1군, 아브랑슈 점령.
1944년 8월 1일	12집단군 및 미국 3군 현역화.
1944년 8월 3일	히틀러, 노르망디 방어를 위한 반격작전 지시.
1944년 8월 5일	서부전구 기갑집단을 5기갑집단으로 개명.
1944년 8월 6일	몽고메리, 독일 B집단군 포위작전 명령.
1944년 8월 6일~8일	독일 47기갑군단, '뤼티히' 작전(Operation 'Lüttich')으로 모르탱 반격.
1944년 8월 8일~11일	캐나다 1군, '토털라이즈' 작전(Operation 'Totalize') 실시. 브래들리, '짧은 타격'을 가하는 포위를 하기 위해 미 15군단을 북진시킴.
1944년 8월 9일	히틀러, 47기갑군단이 현 위치를 고수하는 가운데 에버바흐 기갑집단 창설을 명령. 친위상급대장 '제프' 디트리히, 5기갑집단 임시 지휘.
1944년 8월 12일	미 15군단, 아르장탕 점령.
1944년 8월 14일~17일	캐나다 1군, '트랙터블' 작전(Operation 'Tractable') 실시.
1944년 8월 15일	'드라군' 작전(Operation 'Dragoon') 실시. 남프랑스에 연합군 상륙.
1944년 8월 16일	히틀러, 7군 퇴각에 동의.
1944년 8월 17일	캐나다 1군, 팔레즈 점령.

1944년 8월 18일	서부전구 최고사령관 겸 B집단군 사령관 귄터 폰 클루게 원수, 발터 모델 원수로 교체된 후 자살.
1944년 8월 19일	미 3군, 센 강 도하.
1944년 8월 20일	캐나다 1군 및 미 1군, 팔레즈 포위. 파울 하우저 친위상급대장 부상. 하인리히 에버바흐 장군, 7군 임시 지휘.
1944년 8월 22일	팔레즈에 고립된 독일군 전멸.
1944년 8월 25일	프랑스 2기갑사단, 파리 해방.

노르망디 전투 종결

1944년 8월 29일	미국 3군, 마른 강 도하.
1944년 8월 30일	미국 3군, 뫼즈 강 도하.
1944년 9월 1일	몽고메리, 원수로 승진. 아이젠하워, 연합군 원정군 최고사령부 지상군 지휘권 인수.
1944년 9월 3일	영군 2군, 브뤼셀 해방.
1944년 9월 4일	영군 2군, 안트베르펜 해방.
1944년 9월 11일	최초의 연합군 지상군 독일 진입.
1945년 5월 8일	유럽 승전일(V-E Day). 독일, 무조건 항복.
1945년 8월 8일	소련, 일본에 선전포고.
1945년 8월 15일	대일본 승전일(V-J Day). 일본, 무조건 항복.

전장의 현재 모습

옛날의 철길 위로 새 길이 났다는 점만 빼면 노르망디의 교외는 전쟁 이후 거의 변하지 않았다. 지금도 여전히 매력적인 관광지이자 전원 지역인 이곳은 전쟁을 겪은 퇴역군인이나 사관생도가 개인 혹은 단체로 종종 찾는다. 영국에서 이곳으로 가는 가장 편한 방법은 세르부르까지 페리를 타는 것이다. 그리고 전장을 둘러보려면 반드시 자동차가 필요하다.

캉 시는 연합국의 포격으로 파괴된 이후 완전히 새로 건설되었다. 시 중앙에는 전장순례의 출발지인 노르망디 전투 기념박물관이 있다. 캉 북동쪽에 페가수스 다리가 아직도 있으며, 찾기 쉽다. 비공식적으로는 포트 윈스턴이라고도 불리는 멀베리 항구의 잔해가 아직도 아로망슈에 있다. 전쟁에서 가족을 잃은 사람들은 바이외의 영국군 묘지나 '오마하' 비치 옆에 있는 미국군 묘지를 찾는다. 미군 레인저 대원들이 올랐던 푸앵트 뒤 옥에서 내려다보이는 풍경은 매우 인상적이다.

영국에서 전투나 전장에 관한 정보를 구하려는 사람은 런던 SE1 6HZ 램베스 거리에 있는 왕립전쟁기념관(01-735-8922)이나 '오버로드' 자수품 전시로 유명한 포츠머스 PO5 3NT 사우스시 클라렌스 에스플러네이드에 있는 D-데이 박물관(01705-827261)에 가면 된다.

노르망디 전투를 소재로 한 게임

20세기의 전투를 전쟁 게임으로 재창조할 때 부딪히게 되는 첫 번째 난관은 실제 전투의 규모이다. 참가 병력의 수와 전장의 지리적 범위, 군수문제의 복잡성 등은 빠르게 다양화되어 대량생산과 기계화 시대 속으로 파고든다. 게다가 현대 전쟁이 부쩍 유동적인 양상으로 변해가면서 전투와 전역(戰役, campaign) 사이의 구분은 모호해지고, 하나의 전투를 '다루기 쉬운' 단위로 따로 떼어놓기가 더욱 어려워졌다. 게다가 공군의 등장으로 장거리 표적을 신속하게 타격할 수 있는 능력이 생김으로써, 전쟁은 새로운 차원을 더하게 되었다.

따라서 D-데이와 그 직후의 전투들을 전쟁 게임으로 구현하는 방법으로서, 다음에 제시하는 방식들은 크게 두 가지 범주로 나뉜다. 하나는 군이나 군단, 사단 작전을 통한 전투이고, 또 하나는 전투의 핵심적인 면을 세밀하게 구현하는 소규모 전술적 접근 방식이다.

| 고위 사령부 구현 방식 |

롬멜이나 몽고메리 역할을 맡는 일은, 자신감에 차 있는 과대망상증 환자조차도 어려움을 느끼게 만들지만, 게임 참가자가 노르망디 전투를 완벽하게 경험하고 싶다면, 이처럼 고위사령부 수준에서 전투를 재현해야 한다. 이 정도 규모의 전쟁을 재현하기 위해서는—항공기 격납고도 부족하고 국가 방위예산에 버금가는 비용이 든다는 점을 감안할 때—미니어처 모형은 빼고 지도와 스코어, 그리고 고위 지휘부의 의사결정을 반영하는 규칙이 있어야 한다.

다행스럽게도, 손쉽게 사용할 수 있는 몇 가지 보드 게임이 도움을 준다. 게임을 원하는 사람들은 약간의 비용만 있으면 즉석에서 플레이할 수 있는 패키지를 손에 넣을 수 있다. 현재 시중에 판매되는 게임 중 (모든 면에서) 거대한 작품은 '더 롱기스트 데이(The Longest Day)'로, 게임계의 괴물이다. 이 게임은 상당히 비싼데, 이것만 보더라도 이 게임에 이 책에서 언급한 사건들이 종합적으로 담겨 있다는 것을 추측할 수 있다. 이 게임의 인기는 이 게임이 보드 게임 규칙에 익숙하고 여유 시간이 많은 사람에게는 만족감을 주고, 역사적으로 전투를 제대로 재현했다는 것을 보증해준다. '더 롱기스트 데이'에서 D-데이를 다루는 세부적인 사항은, 이 게임이 전역/전투 묘사 게임이라는 점에서 이미 짐작할 수 있을 것이다. 군과 군단의 대규모 기동이 작은 부대의 활동과 결합된 형태로 구현되어 있다.

이와 마찬가지로 시중에서 구할 수 있으며 훨씬 간단하고 값싼 캠페인 스타일의 게임으로는 'D-데이(D-Day)'가 있다. '포트리스 유로파(Fortress Europa)'의 1944년 프랑스 에디션과 '노르망디 캠페인(Normandy Campaign)'은 모두 부분적으로 전역 수준에서 D-데이 이후의 사건들을 다루며, '노르망디 캠페인'은 비밀 지도 이동이라는 추가 기능이 있어서 심판으로서 제3자가 있어야 한다.

특정 전투를 다룬 게임도 네 가지 정도 있다. 그것들을 연대순으로 나열하면, 미 5군단이 가장 격렬한 전투가 벌어졌던 해안에서 교두보를 확보하고자 분투하며 보낸 열흘간을 다룬 '오마하 비치(Omaha Beach)', 미군이 해안교두보 남쪽의 주요 도시를 점령하는 '생 로(St Lô)', 미 7군단이 해안교두보에서 결정적인 돌파작전에 성공하는 '코브라(Cobra)', 독일군의 모르탱 반격에서 시작하여 팔레즈 협곡에서 10개 사단이 전멸하는 것으로 대단원을 맺는 '히틀러의 반격(Hitler's Counterstroke)'이 그것이다.

이 게임들에서 다룬 사건들도 가치가 있기는 하지만, 대부분은 미군의 무공에 집중된 경향이 있다. 그러나 낙하산 부대의 측면 강하라든지 엡섬 작전이나 굿우드 작전과 같은 다른 핵심적인 작전은 무시하고 있다. 직접 게임을 기획하는 플레이어라면, 바로 여기서 스스로 지도 게임을 고안할 수 있는 잠재적 가능성을 발견할 수 있을 것이다. 아마 상업용으로 시판되는 게임을 이용해 자기만의 게임용 지도를 구현할 수 있지만, 상업용 규칙에 사용된 장문의 치트 방지 코드를 제거해야만 더 간결하고 유연하게 접근할 수 있을 것이다. 이 책은 그런 게임을 구현하는 데 필요한 기초연구의 출발점을 제공한다. 이 길을 걸어본 사람은 알겠지만, 그러다 보면 그것이 겉보기에는 냉담한 것 같은 군대사의 '헤드라인' 뒤에 있는 인간과 그 이외의 사소한 부분에 대해 더 많은 내용을 학습할 수 있는 흥미진진한 방법이라는 사실을 깨닫게 될 것이다.

아마도 이런 식의 기초연구에서 영감을 얻은 플레이어라면 자신의 노르망디 전투 재현에 새로운 차원을 덧붙여 더욱 직접적인 방법으로 지휘관의 입장을 경험하고 싶어질지도 모른다. 이런 욕구는 (더 롱기스트 데이와 같은) 하나의 게임을 다른 여러 플레이어들과 함께 양진영으로 편을 나누어 적절한 지휘 계통을 형성한 다음, 이렇게 형성된 각 사령부와 거기에 속한 인원들이 오직 자기 담당 전선의 지도만을 보면서 게임을 수행하는 과정에서 충족할 수 있다. 이러한 접근법은 고위 지휘관을 별도의 방에 넣고 종이쪽지로 명령을 내리고 상황을 보고 받는 방식에서부터 학교와 같은 커다란 건물 하나에 필요한 배치를 정교하게 구현한 복잡한 방법까지 다양하다. 신중한 계획을 세우고 충분한 플레이어를 모은다면, 이런 방법으로 다양한 수준의 지휘부를 시뮬레이션할 수 있으며, 독립적인 군과 군단, 그리고 사단의 지휘관은 물론, 그들에 상응하는 공군과 해군의 지휘관들을 비롯한 각 지휘관 밑에 있는 소규모 참모진과 연락장교들의 임무까지 구현할 수 있다. 연락장교들은 전화명령이나 간략한 전보와 같은 개인적 연락을 담당하는데, 이 역할은 일반적인 게임에서는 보통 생략되는 경우가 많다.

이런 게임에서는 심판관이 몇 명 필요하다. 그들은 지도 위에서 점수판을 움직이고 전투 결과를 결정할 뿐만 아니라, 양측 군대의 조직 구조 속에서 정보 흐름을 감독하고 골치 아픈 '제한요소'를 게임 속에 집어넣는 역할도 담당한다. 이런 식으로 독일군 사령부가 초반에 겪은 혼선을 게임에 반영할 수 있다. 이를테면 동시다발적인 공수부대 강하 목격 보고와 통신 지연, 그리고 편집증적으로 의심 많은 히틀러의 간섭이 미치는 파괴적인 효과를 반영할 수 있다.

여기서 한 발 더 나아가면, 지도와 같은 게임판을 없애고 워게임 디벨로프먼트[Wargame Development : 이 조직은 앞에 설명한 '메가 게임(Mega Game)' 접근방식을 개발하기도 했다]가 '위원회 게임'이라고 부르는 것에 플레이어를 함께 모아두는 방식이 있다. 수많은 SF 및 판타지 게임에 흔히 적용되는 롤 플레이 기법과 일맥상통하는 이 방식은, 설득과 토론으로 진행되는 게임으로, 각 참여자는 자신이 달성해야 할 특정한 목표를 부여받는다. 적절히 연구를 하기만 하면, 이것은 오버로드 작전의 최초 계획을 탐구할 수 있는 이상적인 방법이 될 수 있다. 여기에는 상륙지대의 선정이나 상륙돌격부대의 규모, 상륙용 주정의 가용성 등과 같은 내용이 포함되는데, 똑같은 방식으로 독일군의 입장에서 방어사단의 배치나 기갑사단을 위한 최적의 위치 등을 탐구하다 보면, 롬멜과 룬트슈테트 사이에 벌어졌던 논쟁을 흥미롭게 통찰해볼 수 있을 것이다.

최고사령부 단계에서는 미니어처(다시 말해 군인, 전차, 군함, 전투기 모형) 사용을 고려하지 않았지만, 상업용 혹은 자체 제작 게임에서는 지도상에서 이동이 무력충돌을 초래할 때, 전투상황판은 모조 지형과 모조 병력으로 구성된 모형 테이블로—전투는 3차원 공간에서 진행되고 적절한 미니어처 규칙에 따라 수행된다—대체할 수 있다는 점을 지적할 필요가 있다. 그러나 여기서도 규모가 문제다. 6밀리미터 크기의 기갑부대 모델을 쓴다 해도(최근에는 2밀리미터짜리도 나왔다!) 굿우드 작전에 대항해 전선을 지키는 88밀리미터 대전차포 78문처럼 주요 전투에 동원된 실제 수치를 그대로 적용할 수는 없다. 물론 그 해답은 병력의 규모를 축소해서 표현하는 것이 방법이 될 수 있다. 이것은 다른 시대의 전쟁을 게임으로 표현할 때 표준적으로 사용하는 방법임에도 불구하고, 이상하게도 제2차 세계대전을 비롯한 최근의 전쟁에서는 한물간 방식이다.

이런 접근법으로 한발 물러선 게임이 미국의 '커맨드 디시전(Cmmand Decision)' 규칙과 시나리오 체계이다. 이 게임에서는 훨씬 큰 20밀리미터 모형(최근 르네상스를 맞고 있지만 이것은 언제나 나의 변함없는 애호품이다)을 선호하는 바람에 관련된 병력을 축소시켜 표시하는 단순한 수법을 써야만 쉽게 사용할 수 있다. 독일 보병중대는 '스탠드' 3개에 6개 모형을 쌓아서 나타내고, 전차중대는 전차 모형 3개로 나타낸다. 게임의 규칙은 반이나 분대 단위 활동이 아니라, 소대와 중대, 그 이상의 단위부대에 영향을 미치는 지휘 결정에 초점을 맞추고 있다.

| 전술 게임 |

제2차 세계대전의 전술적 전투를 반영한 최근 경향은 병력과 차량을 6밀리미터(300분의 1) 모형을 사용해 일대일로 표현하는 것으로, 이것은 가장 인기 있는 수단이 되었다. 베스트셀러 게임 '파이어플라이(Firefly)'의 규칙은 대대 수준까지 정확하고 세밀하게 제시되어 있으며, 조금 신경 써서 준비하면 악명

높은 노르망디 보카주 지형을 테이블 위에 구현함으로써 폐쇄적인 전원에서 밀집된 방어선을 뚫는 일이 얼마나 어려운지를 실감나게 체험할 수 있다. 이 때도 역시 보드 게임은 패키지로 준비된 대안을—특히 분대 및 소대 단위 전투에 관해서—제공한다. 특히 '분대장(Squad Leader)'과 '분대장 2' 시리즈 게임이 인기가 있는데, 이 게임들은 '낙하산병(Paratrooper)'과 '헤지그로 헬(Hedgegrow Hell)'과 같이 D-데이에 근거한 시나리오를 제공한다. 그러나 '전형적인' 시나리오만 제공하기 때문에, D-데이와 그 직후의 수많은 작은 교전을 재현해보고 싶은 플레이어는 만족할 때까지 스스로 조사해야 하는 수고를 해야 한다.

가장 잘 기록된 소부대 '전투' 가운데 두 건은 상륙 해안 서쪽 측면을 담당한 영국 6공정사단이 펼친 전투에서 찾을 수 있다. 존 하워드(John Howard) 소령이 오른 다리에서 행한 글라이더 급습과 인원이 감소된 9공정대대(150명)의 메르빌 포대 공격은 여러 책에서 아주 세세한 부분까지 자세하게 기술되어 있을 뿐 아니라, 몇몇 경우에는 지도와 항공사진까지 나와 있다. 이런 교전을 성공적으로 재창조하는 비결은, 전투를 직접 체험한 이의 이야기를 읽고 그것을 그대로 반영하는 것이다. 공포와 냉담한 위트를 결합하면서 워 게임 제작자는 자신이 정확하게 누구의 전쟁을 재창조하는지, 그리고 그 전쟁의 참가자들은 무엇을 견뎌야 했는지를 떠올리게 된다.

전사를 더 깊이 연구하면, 미국과 영국 공정부대가 경험한 소규모 접전에 대한 시나리오와, 요새화된 마을이나 소규모 방어진지를 그들(그리고 다른 보병부대)이 공격할 때 이를 지원한 기갑부대에 대한 수많은 시나리오를 발견할 수 있다. 폐쇄적인 보카주 지형과 생 로와 캉 같은 인구밀집 지대를 둘러싸고 벌어진 시가전 역시 '소부대 전투'를 위한 시나리오가 될 수 있다. 여기서는 20밀리미터나 54밀리미터 규격의 모형 병사로 실제 인물을 비롯해 일정한 거리를 두고 서로의 뒤를 따르는 분대, 그리고 불과 몇 초 사이의 움직임을 나타낼 수 있다. 이 경우 게임의 세부 사항에는—이런 게임 형식이 플레이어의 취향에 맞는다면—부상의 심각성과 각각의 전투 기술에 대해 다양한 가중치를 부여할 수 있다. 또 지프와 트레일러에 폭약을 잔뜩 싣고 독일군 진지로부터 날아오는 거센 사격을 받으며 중요한 교량을 폭파하기 위해 전속력으로 달려드는 6공정사단의 3공병대대 소속 낙하산병들의 실제 돌격 시나리오를 발견할 수도 있다.

같은 종류의 게임을 전차중대 혹은 전차소대를 대상으로 구현할 수도 있다. 보병의 지원을 받으며 미로와도 같은 관목 숲을 전진한다든지, 79기갑사단의 '퍼니즈(Funnies)' (영국군과 캐나다 군의 선봉에 섰던 특수 목적의 지원전차) 처럼 각자의 설계 목적에 따라 지뢰와 방파제, 토치카와 같은 적군의 장애물을 처리하는 시나리오를 만들 수도 있다. '패튼의 최고 부대(Patton's Best)'는 D-데이 전차전을 제공하는데, 여기서는 플레이어가 전차의 전차장이 되어 몇 가지 전형적인 서부전선 시나리오 속에서 싸우게 된다. 3차원 게임에서는 대형 전차 모형을 쓰면 딱 좋을 것이다.

노르망디 전투를 전쟁 게임의 소재로 삼을 때 종종 간과하는 것은, 상륙돌격부대를 해안에 상륙시키는(그리고 상륙부대를 격퇴하는) 부분이다. 1개 보병중대를 (20밀리미터 크기의 레진 주물 모형이 이용 가능한 경우) 차량 및 병력 상륙용 주정으로 상륙시키고, 격렬한 포화를 받으며 다시 해안을 벗어나 수송선으로 복귀하는 과정은 흥미로운 게임이 될 수 있다. 이런 '오마하' 비치 유형의 상황에서는 리더십과 '사기 진작'에 적용할 수 있는 게임 규칙이 매우 중요하다. 일인 혹은 다수의 플레이어가 독일군의 입장에서 대서양 방벽을 지키는 포병의 문제를 체험할 수 있다. 탁자에 설치된 포대경은 접근해오는 상륙돌격정들의 모습을 주기적으로 보여준다. 서로 다른 비율로 표시된 모델은 벙커의 지휘관에게 '근접' 표적을 제공하는 수단이 된다. 이것을 이용하면 어떤 표적을 어느 정도의 거리에서 사격해야 하는지 알 수 있다. 연합군 폭격과 해군의 함포사격으로 인한 시야 방해 효과를 비롯해, 플레이어가 상부 제대나 인접 벙커와 주고받는 간헐적인 통신도 모사가 가능하다.

| **결론** |

마지막으로, 지도나 테이블 상에서 즐기는 D-데이에 묘미를 더할 수 있는 두 가지 포인트가 더 있다.

하나는 상륙작전과 돌파작전 기간에 연합군이 발휘한 공군력이다. 이것은 연합군의 비장의 카드였다. 연합군이 제공권을 장악하자, 독일군은 주간 이동이 느려졌고, 병사와 장비 손실도 커졌다. 그러나 전술 게임에서는 일선부대와 동행하며 '촉수'와 같은 역할을 수행하는 전방항공통제관이 있어야만 효과적인 항공기 통제가 이루어질 수 있다. 특히 공중에서 적아를 구분하는 것은 어렵기로 악명이 높다. 특히 전투 상황에서 양쪽이 뒤섞여 있을 때는 적아를 구분하기 힘들다.

두 번째는 노르망디 전투에서 기갑부대가 중요하기는 했지만, 전지전능한 것은 아니었다는 점을 명심해야 한다. 오마하 비치에서는 수륙양용 전차가 모조리 파도에 허우적댔고, 굿우드 작전에서는 길고 협소한 통로를 따라 종심 깊게 배치된 독일군 포진지에서 전차 500대가 희생당했다. 보카주 지형에서는 전차가 근거리에서 발사되는 화기에 속수무책으로 당했고, 로켓을 장착한 타이푼 전투기들은 가장 강력한 장갑판을 두른 독일군 전차조차 공포에 떨게 했다. 노르망디 전투는 기갑부대와 포병, 항공기 그리고 (사정거리 내에 있는) 해군 함포의 효과적인 지원을 받는 보병에 달려 있었다. 결론적으로 말하면, 워게임 플레이어는 D-데이에 대한 정보와 자재를 충분히 얻을 수 있다. 워게임을 위한 병력과 차량, 항공기 해군 함정 등이 다양한 축적 비율과 재질로 제작되어 공급되고 있는데다가, 요즘은 잡지에서 이런 제품에 대한 광고를 거의 정기적으로 볼 수 있기 때문이다.

| 참고 문헌 |

Bellfield, E. and Essame, H. The Battle for Normandy, London, 1983.

Bennet, R. Ultra in the West, London, 1979..

d'Este, C. Decision in Normandy, New York and London, 1983.

Hastings, M. Overlord-D-Day and the Battle for Normandy, London, 1984.

Irving, D. The War Between the Generals, New York and London, 1981.

Keegan, J. Six Armies in Normandy, New York and London, 1982.

Lucas J. and Barker, J. The Killing Ground-the Battle of the Falaise Pocket, London, 1978.

McKee, A. Caen-Anvil of Victory, London, 1984.

Ryan, C. The Longest Day-the D-Day Story, New York and London.1982.

지은이 스티븐 배시(Stephen Badsey)

영국 샌드허스트(Sandhurst) 육군사관학교 강사로 재직 중이다. 자신의 분야에서 권위 있는 전문가로서, 폭넓은 저술 활동을 통해 히틀러부터 크림 전쟁의 종군 기자, 현대 전투기에 이르기까지 대단히 폭넓은 주제를 다루었다. 그가 지닌 고도의 전문 지식과 끝없는 열정은 연합군의 노르망디 상륙작전이라는 매력적인 주제를 다룬 이 책에 잘 나타나 있다.

옮긴이 김홍래

한양대학교에서 금속공학 석사학위를 받았다. 해군 중위로 전역했고, 현재 번역가로 활동하고 있다. 옮긴 책으로는 톰 클랜시 원작 『베어 & 드래곤』과 『레인보우 식스』, 『나는 하루를 살아도 사자로 살고 싶다: 패튼 직선의 리더십』, 『히틀러 최고사령부 1933~1945년』, 『니미츠』, 『2차대전 독일의 비밀무기』, 『맥아더』 등이 있다.

감수 한국국방안보포럼(KODEF)

21세기 국방정론을 발전시키며 국가안보에 대한 미래 전략적 대안들을 제시하기 위해, 뜻있는 군·정치·학계·언론·법조·경제·문화·매니아 집단이 모여 만든 사단법인이다. 온-오프 라인을 통해 국방정책을 논의하고, 국방정책에 관한 조사·연구·자문·지원 활동을 하고 있으며, 국방 관련 단체 및 기관과 공조하여 국방교육 자료를 개발하고 안보의식을 고양하는 사업을 하고 있다. http://www.kodef.net

KODEF 안보총서 95

노르망디 1944

제2차 세계대전을 승리로 이끈 사상 최대의 연합군 상륙작전

개정판 1쇄 인쇄 2017년 12월 19일
개정판 1쇄 발행 2017년 12월 28일

지은이 | 스티븐 배시
옮긴이 | 김홍래
펴낸이 | 김세영
펴낸곳 | 도서출판 플래닛미디어

주소 | 04035 서울시 마포구 월드컵로8길 40-9 3층
전화 | 02-3143-3366
팩스 | 02-3143-3360
등록 | 2005년 9월 12일 제 313-2005-000197호
이메일 | webmaster@planetmedia.co.kr

ISBN 979-11-87822-12-7 03390